# 三角梅品种、栽培养护应用图鉴

黄素荣　陈金花　主编

中国农业出版社

北　京

# 编委会

主　　编：黄素荣　　陈金花

副主编：谌　振　　杨光穗　　尹俊梅

参　　编：(以姓氏笔画为序)

　　　　　牛俊海　　尹俊梅　　杨光穗

　　　　　徐世松　　常圣鑫

摄　　影：谌　振　　黄素荣　　陈金花

　　三角梅原产于南美洲热带地区，其品种多样、株形多变、花色和叶色丰富，并有花开繁盛、观赏期长、适应性强、可塑性强等特点，深受世界各国人民喜爱，并在园林景观及家庭园艺中得到广泛应用。三角梅是赞比亚的国花，也是美国关岛、菲律宾塔比拉兰、马来西亚怡保市，以及中国海口、深圳、厦门等30余个城市的代表性花卉。

　　海南系统地引种三角梅品种始于20世纪80年代。2010年始，三角梅在海南省国际旅游岛建设中被大量应用，但所用新品种仍然较少。2013年，三角梅被评为海南省省花，2017年，海南省将三角梅列为花卉产业重点发展花卉品种。随着各类相关利好政策的出台，在海南省政府的大力支持下，"省观赏植物产业技术创新团队"深入开展三角梅研究。经过多年的努力和积累，本团队现已引进三角梅品种320个，广泛开展驯化栽培、鉴定评价等工作，筛选出一批适宜海南的优良品种，并对种苗生产繁育、开花调控等产业关键技术进行研究，总结出一套适合海南规模化生产的高效技术。

本书以多年研究成果为基础，以浅显易懂的文字和直观明了的图片，对三角梅起源、传播、命名规则、栽培技术等方面进行总结，把栽培广泛或性状特异的品种以图文形式介绍给读者，同时编者还对三角梅文化进行了系统梳理。由于水平有限，文中难免有错误之处，恳请专家学者和读者批评、指正。

在此感谢团队中所有参与三角梅相关科研工作的同事们，感谢大家的辛勤付出。本书的编撰、出版得到了国家科技资源共享服务平台：国家热带植物种质资源库（National Tropical Plants Germplasm Resource Center）和农业农村部预算项目"特色热带作物种质资源精准评价与新品种培育"的资助和支持，在此表示感谢。

编　者

2021年12月

于中国热带农业科学院海口院区

CONTENTS / 目录

前言

# 第一章

# 概 述

三角梅又名叶子花、九重葛、簕杜鹃、宝巾花、纸花等，为紫茉莉科（Nyctaginaceae）叶子花属（*Bougainvillea* Commerson ex Juss）常绿攀缘状灌木。三角梅原产于南美洲的巴西、秘鲁等地，目前公认的有18个原种，300多个品种。因其优良的开花习性，目前已被世界各地广为栽培。近年来，三角梅已成为众多城市绿化中一道亮丽的风景线，深圳、厦门、海口等城市及宜良县相继举办三角梅花展，让更多的市民认识三角梅，了解并爱上三角梅。

## 第一节 三角梅的生物学特性

### 一、形态特征

三角梅灌木或小乔木，茎直立、半直立；枝开展，下垂或半下垂，部分品种具攀缘特性（图1-1、图1-2）。具刺，腋生，长或短，直或弯。叶互生，具柄，叶片卵形或椭圆状披针形，先端渐尖或急尖，基部圆形或宽楔形，无托叶；叶无毛、被微柔毛或长柔毛，淡绿色至深绿色，部分品种幼叶呈黄白色或红铜色，叶片全缘或波状形（图1-3）。花两性，通常3朵簇生枝端，外包3枚鲜艳的叶状苞片，稀见4朵；苞片有大红色、水红色、玫红色、紫色、

图1-1 三角梅植株

紫红色、橘色、黄色、绿色、淡红色或白色，具网脉，脱落或宿存；花梗贴生苞片中脉上；花被合生成管状，未开放时呈细管形，开放时呈漏斗形；通常为绿色、红色、黄色或白色，顶端5～6裂，裂片短；雄蕊5～10枚，内藏，花丝基部合生（图1-4、图1-6）；子房为纺锤形，具柄，1室，具1粒胚珠，花柱侧生，短线形，柱头尖（图1-5）。瘦果为圆柱形或棍棒状，具5棱；种皮薄，胚弯，子叶席卷，围绕胚乳（图1-7）。

图1-2 三角梅的茎

图1-3 三角梅的叶

图1-4 三角梅的花

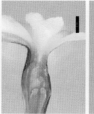

图1-5 三角梅的花粉团和子房

图1-6 不同三角梅品种的花序和苞片颜色

图1-7 三角梅的种荚

## 二、生长习性

1.温度　三角梅的生长适温为20～30℃，越冬温度低于10℃就会落叶并停止生长，3℃以下会产生冻害，开花适温为15～30℃。在南方地区可露地越冬，长江流域以北需要设施保护或入室越冬。当温度适宜时，可全年生长，一年中明显的生长期集中在春末至夏末。

2.光照　三角梅是强阳性短日照植物，在长日照的条件下较难开花，日照不足时生长发育比较弱，不易开花。要想在长日照条件下开花，需要在开花前进行遮光处理，光照时间8～12h即可，连续处理25～35d。

3.水分　三角梅喜欢湿润的环境，通过土壤水分的调控可以进行花期调控。日常浇水以"见干见湿"为原则，在植株生长健壮、修剪和施肥得当的条件下，在开花前50d开始连续3～5d不浇水，当叶片和枝条稍微萎蔫时，少量浇水，使叶片不萎蔫，直到花芽分化再恢复正常浇水。

# 第二节　三角梅的发现及传播

距今，三角梅的驯化已有250多年的历史。1767年，法国著名航海家、政治家、数学家路易斯·安东尼·德·布干维尔伯爵（Louis Antoine de Bougainville）奉法国国王路易十五之命，带领一支由两艘船组成的航海远征探险队跨越大西洋，第一次来到南美洲的巴西进行为期4年的科学考察。在巴西当时的首都里约热内卢的郊外，法国皇家科学院院士、博物学家菲力贝尔·肯默生（Philibert Commerçon）和他的助手、法国女植物学家珍妮（Jeanne Baré）发现了一株带刺、开紫花的植物，并以法国环球航海舰队司令布干维尔（Bougainville）的名字来命名。

1768年，在英国国王的命令下，船长詹姆斯·库克（James Cook）率领英国皇家海军和皇家科学院联合科考探险队也开始了环球航行，路线基本和法国航海远征探险队一致。英国探险家和自然学家约瑟夫·班克斯（Joseph Banks）同样采集到了三角梅标本，并由他聘用的植物学家悉尼·帕金森（Sydeny Parkinson）手绘了样本，并在画上标注了基本信息。虽然英国人发现三角梅比法国人晚一年，但是他们在三角梅的传播上做出了极大的贡献。

当时的法国乃至整个欧洲都没有见过这种植物，而且它又来自大西洋彼岸，法国的贵族和政要趋之若鹜，都以拥有一株三角梅为荣。可是，他们很快就发现，三角梅原属热带植物，根本就不能耐受欧洲漫长、寒冷的冬天，一年之中有半年的时间只能放在火炉边，因此，当时在法国三角梅被戏称为炉边植物（plant by stove）。

随着栽培设施的改进及对三角梅栽培的逐步了解，19世纪初，三角梅被大量地引入欧洲和澳大利亚等地，并陆续在全世界适宜地域传播与栽培，从欧洲引种到亚洲、非洲，以及澳大利亚、新西兰等国家，英国和法国等专门从事热带植物培育的苗圃当时曾向澳大利亚等热带亚热带地区的英属殖民地国家输送了大量的三角梅。

至今，三角梅属已发现了18个种，其中具有观赏价值的主要是光叶种 *B. glabra* Choisy.、毛叶种 *B. spectabilis* Willd.和秘鲁种 *B. peruviana* Humb. & Bonpl.三个种。第一个被用为园艺栽培种的三角梅是一个自然杂交种 *B. spectabilis*。*B. spectabilis* 于1789年由韦尔登诺先生（Mr. Willdenow）栽种，并于19世纪初被引入欧洲，随后，*B. glabra* 也被成功引入欧洲。两品种经过英国皇家植物园大量繁育后，随英国船队传到世界各地栽植。*B. peruviana* 在1808年由德国探险家亚历山大·冯·洪堡（Alexandervon Humboldt）在秘鲁发现并命名，但直到20世纪初才由Williams从厄瓜多尔引入西班牙的卡塔赫那。另外，19世纪中期，巴特夫人（Mrs. Butt）在卡塔赫那港口发现了一种深红色的三角梅，并用她的名字将其命名为 *B. buttiana*，后来经证实，这个种其实是 *B. glabra* 和 *B. peruviana* 的自然杂交种。在印度，三角梅 *B. spectabilis* 最早于1860年从欧洲引入加尔各答。20世纪初，加尔各答和马德拉斯（现称金奈）的农业园艺学会引入少量其他品种，开始了三角梅的育种工作，1920年由英国画家和设计师帕西·兰卡斯特（Percy Lancaster）命名的'猩红皇后'（Scarlet Queen）或许是印度最先培育的三角梅品种。截至2017年3月，英国皇家园艺协会登录的三角梅的栽培种已达到了294种。

我国三角梅种植始于1872年，由英国人马偕博士（George leslie Mackay）从英国引入我国台湾地区栽培，具体品种无法考证。1901年，日本占领台湾期间，日本热带植物学家田代安定（1856—1928年）再次从日本引种三角梅到台湾地区。台湾称三角梅为九重葛，也是沿袭了日本的叫法。之后，中国大陆也陆续从台湾地区及东南亚一些国家和地区引种并栽培，虽首次引种时间不详，但1910年我国植物学家就采集到了三角梅标本，当时主要栽培在南方的植物园、公园和一些私家花园里。较大规模的一次引种是由我国台湾著名的植物学家薛聪贤教授从东南亚各国引进了40多个品种。厦门是我国种植三角梅另一个较早的地区，起先种植在厦门港及厦门大学一带。20世纪80年代，三角梅的培育在福建、广东、云南和海南等地逐渐广泛地展开，并不断引进优良品种，由于三角梅耐贫瘠、易管护，苞片色彩丰富、花开繁茂，很多城市都选取三角梅作为市花，并广泛应用于城乡园林绿化美化。

关于海南岛早期引种三角梅的年代难以确定至具体年份，据称，1935年海南已采集到三角梅的标本。据走访老人及三角梅古树种植者得到的资料进行推断，20世纪50年代三角梅在海南已有一定数量的栽植应用，最早引进时人们使用九重葛、簕杜鹃作为它的名字。根据三角梅生长速度考证海南现有的三角梅大桩，大致可推断其已生长40年以上，说明海南于20世纪70年代起已有较广泛的栽培。但当时人们所常见的也仅为紫色及红色三角梅，品种较为单一。

海南较大规模将三角梅栽植应用于家庭及园林绿化是在20世纪80年代之后。海南岛有记载考证的引种是20世纪80年代由海南热带植物园从厦门植物园、广州等地引进，当时引进了12个品种栽植于海南热带植物园。1992年，由兴隆热带花园从东南亚等地引进20多个品种植于园内，之后陆续有其他单位及个人从国内外引进及栽种。其中，中国热带农业科学院热带作物品种资源研究所已引进保存320个品种。

## → 第三节　三角梅名称及其由来、分布及主要特征

三角梅（*Bougainvillea*）属紫茉莉科叶子花属。当菲利贝尔·肯默生（Philibert. Commerçon）在岛上发现长着刺、开着三片三角形紫色花苞的绿叶藤蔓植物之后，经详细观察和记录，意识到这是一个在植物界未经登记的新种，于是以航海探险队队长、航海家布干维尔的名字Bougainville来命名这种新植物，并将其带回了欧洲。1789年，Jusseus根据肯默生的标本对这一植物进行了详细描述，并以Bougainvillea Commerçon ex Juss.一名首次发表，该属名随后有几种不同的拼法，但最终被正名为Bougainvillea Commerçon ex Jusseus。

三角梅原产南美洲的巴西、巴拉圭、阿根廷和秘鲁，还有中美洲的墨西哥、尼加拉瓜、古巴等国，以及美国的佛罗里达州，目前在全世界均有栽培。三角梅有很多种叫法，常见有叶子花、三角花、南美紫茉莉、宝巾、簕杜鹃、贺春红等；在国外，英文名则有Paper flower、Bougainvillea、Brazil Bougainvillea等。由于三角梅主要观赏部位为色彩鲜艳的花苞片，像极了变色的叶片，故有人称之为"叶子花"。在日本，三角梅被称为"九重葛"，横跨明治、大正、昭和三个时代的（1862年）日本植物学家三好学博士在其《热带植物奇观》一书中首用这个名称，因其文意古典，能较好表现出三角梅的花姿自下而上形成的层次，以及藤蔓缠绕的特性，所以日本人一直沿用此名称。而中国台湾的三角梅是从日本引进的，故也称其为"九重葛"。三角梅由于花苞片如纸如绢，西方又称之为Paper Flower，直译为"纸花"。叶子花属的拉丁名

为"*Bougainvillea*"，因此，中国香港直译三角梅为"宝巾"。广东人因三角梅枝条中有刺，刺在粤语中称为簕，花又像杜鹃花般美丽，故称其为"簕杜鹃"，也常被写成"勒杜鹃"。而三角梅在新春佳节盛开时，繁花似锦，艳丽夺目，那姹紫嫣红的苞片展现的娇美姿容，犹如孔雀开屏，给人以热烈奔放的感受，因而又有"贺春红"的雅号。

# 第四节　三角梅产业现状

目前，世界三角梅产业主体部分仍是园林园艺产品的生产，其他功能性用途大多尚处于科研和产品开发阶段。世界主要三角梅种植区域都有专门的三角梅种植企业，但相比百合、玫瑰、红掌等大宗花卉，三角梅种植企业的规模普遍较小，多以家庭农户为种植单位。其中，生产技术标准化最成熟的地区是欧美地区，产业化发展规模最大、发展最活跃的地区是中国。据估计，中国三角梅种植面积超过30万亩，产值超过40亿元。

## 一、国外三角梅产业

由于分布广泛、适应性强，除中国外，印度、泰国、马来西亚、新加坡、菲律宾、南非、澳大利亚、古巴和美国等多个国家也广泛将三角梅应用于园林建设，形成美丽的城市生态景观。欧美地区比较有影响力的有英国威尔特郡的Westdale Nurseries公司、美国佛罗里达州迈阿密的三角梅公司（Bougainvilleas.com）和波多黎各的前景农业公司（Vista Farms）。发达的机械化栽培设施和标准化的生产流程，成熟的家庭园艺市场和发达的国际贸易网络，使三角梅成为当地居民家中常见的园艺产品。随着三角梅的广泛栽种，各地培育并涌现出许多新品种，并有专业的三角梅栽培研究机构，其中以亚洲国家最多，除中国外，主要有印度、菲律宾、斯里兰卡、泰国、马来西亚；此外，澳大利亚、南非、肯尼亚、美国、巴西等也多见，这些国家均有专门的研究机构和研究人员从事三角梅园艺品种的育种工作。美国的斯托克斯（Stokes）热带植物公司和赫梅特国际公司，以色列的阿格雷克斯科农业公司和亚格苗圃，荷兰的门·范文公司和澳大利亚的奥斯太平洋（AusPacific）植物公司等都是世界上知名的三角梅生产和育种企业。其中，美国南部迈阿密及佛罗里达州其他地区利用其特有的植物资源和气候条件，建立起了享誉全球的三角梅苗圃种质繁育基地。

印度在三角梅的育种研究方面具有领先地位，为三角梅产业提供了诸如'印度火焰'（Indian Flame）、'中间体'（Intermedia）和'碧玉玫瑰'（Jasper Rose）、

'画报'（Chitra）等优秀品种。菲律宾、美国和日本等地也相继培育出了'重苞片'系列和'精灵'系列三角梅栽培品种（RHS 2013）。

## 二、国内三角梅产业

我国三角梅产业的主要市场仍然是园林绿化工程，随着家庭园艺市场的扩大，盆花种植业发展也日渐成熟。三角梅产业除了受到市场因素的影响外，还受各级政府相关政策的影响。福建漳州是我国三角梅产业发展最早（起步于20世纪八九十年代）和最成熟的地区，在地方政府、园林公司和农户的协作下，漳州相继建成了一批精品三角梅种植园。

福建省福州市2011年提出本市城市园林绿化"十二五"工作规划。在2015年青运会园林绿化建设、2017年福州市进出城关键节点和会展岛接待区及周边提升改造等重要项目中将三角梅列为重要景观花卉。厦门市2014年提出《美丽厦门战略规划》和2016年"厦门市休闲农业示范项目"也将三角梅列为主要绿化花卉。厦门市园林植物园在2016年还举办了"厦门市花三角梅30年成果展"。

在广东省，广州市林业和园林局、深圳市城市管理局将三角梅列为城市绿化的重要花卉，在市内主干道和大型公园广泛种植了三角梅。华南植物园以三角梅为主题连续举办了8届花展（2009年起），深圳市莲花山公园更是连续举办了18届三角梅花展（1999年起）。广州已有300多座高桥、200多公里路面两侧种植了三角梅，一到花期，花色艳丽的三角梅就"点亮"了羊城，形成了一条条绵延不断的"空中花径"。除此之外，各大公园、学校、医院等地方也能看到它们的身影。

云南省昆明市2017年初启动了国家生态园林城市创建工作，将三角梅种植列为主体公园项目，宜良县将三角梅列为该县的优势名牌花卉，开展了大规模的三角梅产品展销活动，2015—2017年，云南为君开园林工程有限公司连续举办了三届国际三角梅产业高峰论坛。宜良县的三角梅品种从20世纪80年代的9个色系11个品种发展至目前的200多个品种。截至2018年年底，宜良从事三角梅产销的苗企苗农约700个（户），种植面积1.2万亩左右，年产销量5 000万株（盆）。三角梅已经成为宜良花卉苗木产业中最响亮的名片。

在海南省政府的大力支持下，海南省的三角梅产业快速发展，2016年、2017年，连续举办"海南国际旅游岛三角梅花展"，掀起三角梅生产和景观应用热潮。在海口三角梅共享农庄花展中展出的上万株三角梅竞相绽放、争奇斗艳，吸引大批市民游客前往游园观赏。目前，三角梅种植面积已达2.2万亩，生产总值达7.6亿元。

# 第一章

# 三角梅主要品种介绍

## 第一节　命名规则

植物命名规则的制定经历了近260年的变革与发展。从1753年瑞典博物学家林奈（Carl Von Linne）提出"双名法"，到2005年第十七届国际植物学大会通过了《国际植物命名法规》，植物命名规则才基本完善。三角梅的命名也是按照国际命名法来命名的。

### 一、原种的命名

三角梅原种的命名包括"属"（Genus）和"种"（Specific），所有字母均采用斜体，其中属名的第一个字母大写。此外，三角梅种名的"格""性"和"数"要与属名保持一致。

例如：光叶三角梅 *Bougainvillea glabra* Choisy.（1849）

"Bougainvillea"为属名；

"glabra"为种名；

"Choisy"为命名人姓氏；

"1849"为首次命名登录的时间。

首先三角梅的属名"bougainvillea"源于18世纪中叶法国博物学家、航海家布干维尔伯爵的名字（Louis Antoine de Bougainville，法语）。植物学家在"bougainville"后面加了字母"a"进行拉丁化，即"bougainvillea"。"glabra"在拉丁语种为"无毛的"的意思，由于该原种是法国博物学家舒瓦齐

（Choisy）在1849年首次命名登录的，所以命名人的姓氏是Choisy。根据命名法，命名人写作正体，且首字母要大写。命名人的名字和发现时间不是植物名称的组成部分，只是附加标记。所以光叶种完整的物种学名为：*Bougainvillea glabra* Choisy（1849），简写为 *B. glabra*。

例如：厚叶三角梅*Bougainvillea pachyphylla* Heimerl. ex Standl.(1931)

"Bougainvillea" 为属名；

"pachyphylla" 为种名；

"Heimerl" 为发现人姓氏；

"ex" 表示由此人发现；

"Standl" 为该品种命名人。

此种原产秘鲁，"pachyphylla" 意思为厚叶。用 "ex" 是为了表示该种名是由Heimerl首先发现的，但未公开登录发表，而Standl对该品种进行登录注册，同时肯定 "Heimerl" 对该种确定的学名有贡献。但由于Standl所做的贡献更大，故Hermerl的名字在缩写的情况下可以略去，写成*Bougainvillea pachyphylla* ex Standl，还可以缩写成*B. pachyphylla*。

## 二、栽培品种的命名

自然界的原生植物经人工栽培之后培育产生的新植物种类即为栽培植物，即 "变种（Variety）"，也就是常说的品种。"栽培品种（Cultivar）"源于"栽培（Cultivated）"与"变种（Variety）"的组合，即"栽培的变种"。依照法规，栽培品种的名称至少包括三个部分：属名（Genus）+种名（Specific）+品种名（Cultivar）。前两部分必须遵循《国际植物命名法规》，第三部分必须遵循《国际栽培植物命名法规》，即"三名法"。

《国际栽培植物命名法规》规定种名可不强制要求使用拉丁名，可以是任何语种或创新字组。若品种名为中文，则应在其后的括号内标注汉语拼音。并废除以往在栽培品种名种使用 "cv" 来表示栽培品种的表示方法，而用单引号（''）来表示。

例如：摩尔摩沙三角梅*Bougainvillea glabra* 'Formosa'（曾使用过：*Bougainvillea glabra* cv. Formosa为命名方式）

"Bougainvillea" 为属名；

"glabra" 为种名；

"Formosa" 为品种名。

由于许多三角梅栽培品种源于自然杂交和变异，而又无法确定其来源，在不确定其种名时可以不标种名（Specific），只保留属名（Genus）和品种名（Cultivar）。

例如：红腮女郎三角梅 *Bougainvillea* 'Blushing Beauty'

"Bougainvillea" 为属名。

"Blushing Beauty" 为品种名。

《国际栽培植物命名法规》规定在属名后加"×"表示杂交品种。此品种是巴特夫人在西印度洋群岛的特立尼达发现，为纪念她而将她的名字"Butt"定为种名，并拉丁化处理后加后缀变成"buttiana"，品种名称为"Mrs. Butt"。若品种是由"*Spectabilis*"和"*Peruviana*"属内种杂交而成的新种，则可写成"*Spectoperuviana*"，前者为母本，后者是父本。

例如：巴特夫人 *Bougainvillea* × *buttiana* 'Mrs. Butt'

"Bougainvillea" 为属名；

"×"表示该品种是杂交种；

"buttiana"是种名；

"Mrs. Butt"为品种名。

此品种是日本东京三得利公司（Tokyo Suntory Flowers Limited）培育的，因不能确切地知道其父母本，故种名用 hybrid（杂交种）表示。

例如：山维丽娅 *Bougainvillea* × *hybrid Sunvillea*™ 'Koiro'

# 第二节　品种与分类

国内三角梅存在品种分类的等级混乱、品种命名不统一、不规范及大量同名异物、同物异名等现象，虽然已有相关的学者进行分类研究，但是很多园艺品种和杂交后代还是没有清晰的分类标准。根据资料，我们将18个原生种进行整理，如下所示：

*Bougainvillea berberidifolia* Heimerl（1901）

*Bougainvillea buttiana* Holttum & Standl（1944）

*Bougainvillea campanulata* Heimerl（1913）

*Bougainvillea glabra* Choisy（1849）

*Bougainvillea herzogiana* Heimerl（1915）

*Bougainvillea infested* Griseb.（1879）

*Bougainvillea lehmanniana* Heimerl（1932）

*Bougainvillea lehmannii* Heimerl（no date）

*Bougainvillea malmeana* Heimerl （1901）

*Bougainvillea modesta* Heimerl （1901）

*Bougainvillea pachyphylla* Heimerl ex Standl. （1931）

*Bougainvillea peruviana* Bonpl. （1808）

*Bougainvillea pomacea* Choisy （1849）

*Bougainvillea praecox* Griseb. （1879）

*Bougainvillea spectabilis* Willd. （1799）

*Bougainvillea spinosa* (Cav.) Heimerl （1889）

*Bougainvillea stipitata* Griseb. （1874）

*Bougainvillea trollii* Heimerl （1932）

其中具有观赏价值的主要是毛叶三角梅（*B. spectabilis*）、光叶三角梅（*B. glabra*）、秘鲁三角梅（*B. peruviana*）三个种及一个自然杂交种 *B. buttiana*。毛叶三角梅是第一个被利用为园艺栽培种的三角梅，于1829年由秘鲁引入法国栽植，并于1844年由巴西南部引入英国。光叶三角梅于1885年由南美引入美国佛罗里达州种植，并于1894年由南美引入英国。经过英国皇家植物园大量繁殖后，毛叶三角梅和光叶三角梅随英国船队传到了世界各地。

毛叶三角梅，广布热带美洲，其种加词"*spectabilis*"意为"悦目的"，是最早作为观赏植物被引进欧洲的三角梅。藤状灌木。枝、叶密生柔毛；刺腋生、下弯。叶片椭圆形或卵形，基部圆形，有柄。花序腋生或顶生；苞片椭圆状卵形，基部圆形或心形，长2.5～6.5cm，宽1.5～4.0cm，暗红色或淡紫红色；花被管狭筒形，长1.6～2.4cm，绿色，密被柔毛，顶端5～6裂，裂片开展，黄色，长3.5～5.0mm；雄蕊通常8枚；子房具柄。果实长1.0～1.5cm，密生毛。花期冬春间。

光叶三角梅，起源于巴西，其种加词"glabra"意为"光滑的"，形容其叶面光滑无毛。藤状灌木。茎粗壮，枝下垂，无毛或疏生柔毛；刺腋生，长5～15mm。叶片纸质，卵形或卵状披针形，长5～13cm，宽3～6cm，顶端急尖或渐尖，基部圆形或宽楔形，上面无毛，下面被微柔毛；叶柄长1cm。花顶生枝端的3个苞片内，花梗与苞片中脉贴生，每个苞片上生一朵花；苞片叶状，紫色或洋红色，长圆形或椭圆形，长2.5～3.5cm，宽约2cm，纸质；花被管长约2cm，淡绿色，疏生柔毛，有棱，顶端5浅裂；雄蕊6～8枚；花柱侧生，线形，边缘扩展成薄片状，柱头尖；花盘基部合生呈环状，上部撕裂状。广州、海南、昆明花期为冬春间，北方温室栽培3—7月开花。在其原产地巴西温暖的气候环境中，枝条可达20～30m长，在一年的大部分时间里都可开花。

秘鲁三角梅，原产于秘鲁至哥伦比亚一带，最早自厄瓜多尔传入欧洲，具有玫瑰色至品红色的苞片。有趣的是，秘鲁三角梅与光叶三角梅的杂交品种具有更为丰富的色彩，如品种'Golden Glow'的柠檬黄、品种'Louis Wathen'的橙色、品种'Mrs. Butt'的深红色。秘鲁三角梅在我国并无栽培，但许多栽培品种均与其有亲缘关系。

三角梅具有较高的遗传多样性，有直立、半直立、开展、半下垂4种株型。苞片呈现白、黄、紫、红、橙等丰富的色系（图2-1），并具有渐变色、双色等，如'绿叶樱花'的自橙红色向淡粉色变化苞片常具有白色至粉紫色的渐变色，'重瓣橙'苞片颜色会自橙红色向淡粉色变化。苞片形态有单瓣、重瓣、蝶形、荷包形（图2-2）。叶片也是重要的品种分类依据，除了叶柄长度差异明显外，其形状、叶基、叶尖、叶缘、叶色等均有不同。叶形包括近圆形、卵形、椭圆形和披针形等（图2-3）。叶片颜色有绿色、金边、银边、沙斑、金心等（图2-4）。同时，不同品种间枝条上有无刺，刺的长短、密度、弯曲程度及基部形态也十分丰富（图2-5）。

图2-1 三角梅苞片颜色的多样性

图2-2　三角梅苞片类型的多样性

（从左至右依次为：单瓣、重瓣、蝶形、荷包形）

图2-3　三角梅叶片形状的多样性

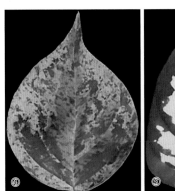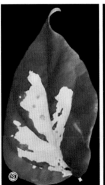

图2-4　三角梅叶片颜色的多样性

（①～⑥依次为：绿色叶、金边叶、银边叶、洒金叶、金心叶、斑叶）

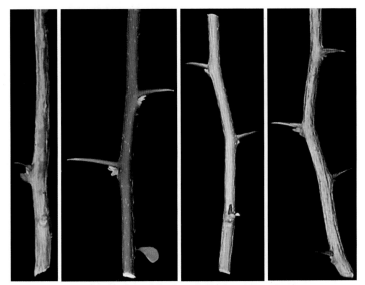

图2-5　三角梅枝条上刺的多样性

（从左至右依次为：短弯刺、长直刺、短直刺、中弯刺）

# ◉ 第三节　优良品种介绍

### 小叶紫

**流通名称**：圣保罗、本地紫、土种紫

**国际通用名**：*Bougainvillea glabra* 'Sao Paulo'

**品种特性**：株型开展，分枝紧密匀称。幼枝茎干绿色，后变褐色，有短毛，刺大而弯曲；叶片椭圆形，基部楔形，深绿色，有光泽；苞片椭圆形，紫红色（NN78B），基部浅心形，顶端圆钝突尖；小花花管比苞片颜色深，基部膨大，中部缢缩，星花乳白色；8枚雄蕊露出花管口。生长旺盛，耐修剪，全年多花，是常见的栽培品种。

**品种来源**：不详。

### 安格斯

**流通名称**：伊丽莎白安格斯、大叶紫、云南大叶紫、考艾岛皇家

**国际通用名**：*Bougainvillea glabra* 'Elizabeth Angus'

**品种特性**：株型开展，分枝紧密匀称，嫩枝茎干绿色，有毛，成熟枝褐色，光滑；刺直立或顶端略弯；叶椭圆形，基部宽楔形，无波状边缘；全枝有花，花序梗绿色；苞片中卵形，紫红色（NN78A），外展，先端急尖，基部心形；花被管紫色，下部膨大，中部缢缩；星花黄绿色，后变白色。常年开花，抗性强，是优秀的栽培品种。

**品种来源**：亲本不详，源于肯尼亚。

## 绿叶浅紫

**流通名称**：伊娃浅紫、绿叶浅紫、伊娃夫人、巴西紫、绿叶水仙紫

**国际通用名**：*Bougainvillea glabra* 'Mrs. Eva'

**品种特性**：株型半下垂，枝条柔软密集，植株匀称。新芽黄绿色，1年生枝条中部节间长度0.9～2.0cm，刺短，0.2～0.7cm，直立或略弯；叶片绿色，有光泽，椭圆形，基部宽楔形；花序着生于整个枝条，苞片簇分布密度中等，苞片簇2～4个；苞片浅紫色（N74C-D），阔椭圆形，苞片长3.6～4.1cm，宽2.6～3.0cm，先端钝尖，基部心形；花被管颜色与苞片同色，基部膨大，中部缢缩，星花黄绿色。抗性强，露地栽培生长旺盛，周年开花。

**品种来源**：不详。

## 新加坡粉

**流通名称**：戴维巴里博士、新粉、新加坡大宫粉

**国际通用名**：*Bougainvillea glabra* 'Singapore Pink'

**品种特性**：半直立状灌木，花量大，苞片3枚、周正。嫩枝浅绿色，有刺，刺长约2.0cm，稍弯曲；叶片长10.0～12.0cm，宽5.0～7.0cm，椭圆形，基部窄楔形，幼叶绿色，成熟叶深绿色，边缘平整，上表皮无毛；花序仅着生于枝条顶端，苞片簇4～7个，宽约3.5cm，窄卵形，先端渐尖，基部心形；苞片平直，无宿存，淡紫色（N72D）。

**品种来源**：不详。

## 红粉佳人

流通名称：桃红、小宫粉

国际通用名：*Bougainvillea × buttiana* 'Pink Beauty'

品种特性：株型直立，自然分枝松散，不匀称。嫩枝浅绿色，1年生枝条中部节间长度3.5～5.3cm，枝刺长0.6～0.7cm，稍弯曲；叶片绿色，阔卵形，基部宽楔形，叶片长6.1～8.7cm，宽9.2～12.3cm；花序着生于枝条中部和顶端，苞片簇4～7个，苞片簇密度中等，苞片阔椭圆形，长4.1～4.8cm，宽1.4～1.8cm，先端渐尖，基部心形，苞片红粉色（N66C）；花被管粉绿色，基部膨大，中部缢缩；星花浅黄绿色；防雨设施长势中等，花期10—12月、翌年2—4月。

品种来源：芽变自'猩红女王'（'Alick Lancaster'）。

## 紫丁香美女

流通名称：紫丁香美女

国际通用名：*Bougainvillea glabra* 'Lilae Beauty'

品种特性：株型半直立，自然分枝松散，较匀称。幼枝浅绿色，1年生枝条节间长度3.1～3.7cm，枝刺长2.1～2.4cm，枝刺略弯；叶片椭卵形，基部渐狭或中楔形，叶片长11.0～14.0cm，宽5.2～6.1cm，叶柄长0.5～2.2cm；花序着生于枝条顶端，苞片簇密度中等，花序苞片簇3～7个，苞片中卵形，先端渐尖，基部近心形，长4.0～4.2cm，宽2.7～3.0cm，苞片姿态外展，颜色为浅紫色（84C）；花被管颜色紫带绿色，基部膨大；星花黄绿色，有淡淡的花香。抗性强，长势中等，适合露地栽培，周年开花。

品种来源：不详。

## 浅　茄

**流通名**：茄色、梦境、大叶浅茄

**国际通用名**：*Bougainvillea glabra* 'Mariel Fitzpatrick'

**品种特性**：株型半直立，自然分枝疏松匀称。幼枝中绿色，节间1.1 ～ 8.2cm，枝刺粗，先端略弯曲，长约2.1cm；叶片椭圆形，长约11.8cm，宽约5.5cm，基部狭窄或中楔形，边缘波状，叶中绿色；花序着生于枝条顶，苞片簇密度疏；苞片窄卵形，长约4.7cm，宽约2.9cm，先端渐尖，基部心形，姿态外展，浅紫色（84C）；花被管绿色；星花绿色。抗性强，露地栽培长势旺盛，周年开花。

**品种来源**：不详。

## 绿叶宫粉

**流通名称**：阿利克兰卡斯特

**国际通用名**：*Bougainvillea* × *buttiana* 'Alick Lancaster'

**品种特性**：株型半直立，自然分枝松散，较匀称。幼枝浅绿色，1年生枝条节间长度2.1 ～ 2.6cm，枝刺长0.9 ～ 1.1cm，枝刺先端略弯；叶片阔卵形，基部圆形，叶片长6.1 ～ 8.9cm，宽4.5 ～ 5.3cm，叶柄长1.1 ～ 1.9cm；花序着生于中部和枝条顶端，苞片簇密度密，花序苞片簇3 ～ 6个，苞片阔椭圆形，先端钝尖，基部近圆形，苞片长4.0 ～ 4.2cm，宽2.7 ～ 3.0cm，苞片姿态外展，苞片颜色为亮粉色（N74B）；花被管与苞片同色，较深，基部稍膨大；星花白色。抗性较强，露地栽培长势中等。

**品种来源**：不详。

## 水　红

**流通名**：马尼拉小姐、探戈、同安红

**国际通用名称**：*Bougainvillea × buttiana* 'Miss Manila'

**国内规范名称**：马尼拉小姐

**品种特性**：株型半直立，自然分枝丰满匀称。幼枝红绿色，1年生枝条节间长度1.7～2.2cm，枝刺0.9～1.2cm，枝刺尖端略弯曲；叶片中卵形或阔卵形，基部宽楔形，叶片长5.8～8.2cm，宽3.9～5.3cm，叶柄长0.2～0.8cm，新叶红绿色，成熟叶片绿色，叶面微有柔毛；花序着生于整个枝条，苞片簇密度中等，花序苞片簇数量3～4个；苞片阔卵形，先端钝尖，基部近心形，苞片长4.2～4.9cm，宽3.6～4.2cm，苞片姿态平直或稍外展，新生苞片金橙色，后期转胭脂红或橙红色，成熟苞片胭脂水红色（N74A）；花被管与苞片同色，基部稍膨大，中部稍缢缩，星花乳白色。抗性强，生长旺盛，适合露地栽培，周年开花。

**品种来源**：自然杂交种。源于菲律宾马尼拉，由一位名叫玛丽（Mary）的女士采集种子并培育，并于1959年由菲律宾拉古纳农业学院教授胡安·潘乔（Juan V. Pancho）和伊利西亚·巴德纳斯（Eliseo A. Bardenas）在杂志*Baileya*（《贝利亚》）上首次发表并收录。2006年获英国皇家园艺学会花园植物优异奖。

# 大 红

**流通名**：中国红、潮州红、猩红奥哈拉、夏威夷猩红、圣地亚哥红

**国际通用名**：*Bougainvillea × buttiana* 'San Diego Red'

**国内规范名称**：圣地亚哥红

**品种特性**：直立株型，春秋两季开花，春季通常是先花后叶。1年生枝条中部节间长度2.0～3.6cm，枝刺长2.0～4.2cm，先端直或略弯曲；新芽、新叶红绿色，成熟叶片深绿色；叶片较大，长8.1～9.0cm，宽7.0～7.6cm，质地厚，近圆形，叶基圆形；整枝或顶部开花，花序梗较长；苞片红色(45A-C)，阔椭圆形，长3.5～4.5cm，宽3.4～3.9cm，基部心形，先端钝尖，苞片簇姿态外展；花被管和苞片同色，稍暗，被微柔毛，下半部略膨大，中部缢缩；星花白色。抗性强，适合露地栽培。

**品种来源**：自然种间杂交，亲本不详。据资料记载，该品种是由日本人江崎爱之助（Esaki Ainosuke）在圣地亚哥一成资苗圃（Issei-owned Nursery）发现和培育的，并将其命名为'San Diego Red'，2006年获英国皇家园艺学会花园植物优异奖。

## 绿叶玫红

流通名称：芭芭拉卡斯特、玫瑰红、玫红

国际通用名：*Bougainvillea* 'Barbara karst'

品种特性：半直立型灌木，自然分枝丰满匀称。幼枝红绿色，节间长度2.2～3.2cm，枝刺长1.2cm，先端稍弯曲；叶片中卵形，长5.4～9.4cm，宽4.6～6.7cm，基部宽楔形，幼叶红绿色，成熟叶中绿色，边缘平展；花序着生在枝条的顶端和中部，花序苞片簇6～8个，苞片玫红色（N74B），后期水红色，苞片阔椭圆形，先端钝尖，基部心形，苞片簇姿态外展，无宿存；花被管颜色与苞片相同，较深，基部稍膨大，中部缢缩；星花乳白色间粉红色。抗性强，适合露地栽培，周年开花。

品种来源：不详。

## 蒙娜丽莎

流通名称：蒙娜丽莎

国际通用名：*Bougainvillea peruviana* 'Mona Lisa'

品种特性：半直立株型，自然生长枝条分布稀疏均匀。嫩枝黄色，中部节间长度1.6～2.0cm；枝刺1.7～2.1cm，稍弯曲；叶片阔卵形，中部叶片长5.6～6.9cm，宽4.2～5.2cm，叶柄长2.2～4.5cm，叶表面扭曲不平，叶边缘不规则反卷，嫩叶中部有暗黄色斑块，老叶呈深绿色；花序着生于枝条顶端，苞片簇密度中等，苞片阔椭圆形，基部圆形，先端钝尖，边缘略反卷，苞片长3.1～3.8cm，宽2.5～3.0cm，苞片颜色红色（N74A）；花被管颜色与苞片相同；星花乳白色。抗性弱，适合于防雨设施中栽培，长势中等，全年开花。

品种来源：不详。

## 维萨卡

流通名称：维萨卡

国际通用名：*Bougainvillea* 'Vishakha'

品种特性：株型半直立，自然分枝松散，较匀称。幼枝红绿色，1年生枝条节间长度2.2～3.2cm，枝刺长1.7～2.1cm，枝刺先端略弯；叶片中卵形，基部宽楔形，叶片长9.6～11.6cm，宽6.7～8.2cm，叶柄长2.1～2.6cm；花序着生于中部和枝条顶端，苞片簇密度中等，花序苞片簇4～6个，苞片阔椭圆形，先端钝尖，基部楔形，苞片长2.9～3.6cm，宽1.8～2.6cm，苞片姿态开展不相接，苞片颜色为紫红色（N66A）；花被管与苞片同色，较深，基部稍膨大，中部缢缩；星花白色。防雨设施栽培长势中等，周年开花。

品种来源：不详。

## 热火桑巴

流通名称：桑巴、火焰

国际通用名：*Bougainvillea spectabilis* 'Flame'

品种特性：株型半下垂，自然分枝丰满匀称；幼枝红色，刺稍弯；叶片红绿色，椭圆形，基部窄楔形，有中度波缘，内卷；全枝着花，苞片簇密度密，花序苞片簇4～6个；苞片红色（40B），阔椭圆形，先端渐尖，基部心形；花被管与苞片同色，基部稍膨大，中部缢缩；星花初开黄色，后期白色间粉色。抗性强，露地栽培生长旺盛，周年开花。

品种来源：不详。

## 维拉粉

流通名：芭比、芭比娃娃

国际通用名：*Bougainvillea spectabilis* 'Vera Pink'

品种特性：株型直立，自然分枝疏松、匀称。幼枝浅红绿色，节间短，0.8 ~ 1.3cm，枝刺直立，较粗，长约1.2cm；叶片椭圆形，长约8.3cm，宽约4.5cm，基部宽楔形，幼叶浅绿，成熟叶中绿；花序着生于枝条顶部，苞片簇密度密，花序苞片簇5 ~ 14个；苞片中卵形，先端渐尖，基部近圆形，粉红色（74C），姿态直立；花被管绿色，基部膨大；星花浅绿色。周年开花。

品种来源：不详。

## 印度橙粉

流通名：印度火焰、非洲之星、印度水红、帕塔

国际通用名：*Bougainvillea peruviana* 'Partha'

品种特性：株型半直立，自然分枝疏松匀称。幼枝红绿色，节间长度2.8 ~ 4.0cm，枝刺先端略弯曲，长1.9 ~ 2.1cm；叶片中卵形，长约10.4cm，宽约5.9cm，基部宽楔形，绿色；花序着生于枝条顶部或中部，苞片簇密度疏，花序苞片簇4 ~ 7个；苞片中卵形，长约4.1cm，宽约2.5cm，先端渐尖，基部心形，姿态平直，初期橙色（N25A），后期粉红色（73A）；花被管深紫色；星花白色。

品种来源：不详。

## 胭脂红

**流通名称**：莱星粉、吉祥、资纳巴特拉特、百日草巴拉特

**国际通用名**：*Bougainvillea glabra* 'Zinia Barat'

**品种特性**：株型直立，自然分枝丰满匀称。幼枝浅绿色，1年生枝条节间长度1.4～1.9cm，枝刺长0.8～1.4cm，枝刺先端弯曲；叶片阔卵形，基部宽楔形，叶片长9.7～12.6cm，宽5.4～6.7cm，叶柄长1.0～1.9cm；花序着生于整个枝条，苞片簇密度中等，花序苞片簇4～6个，苞片中卵形，先端渐尖，基部心形，苞片长4.2～5.7cm，宽3.0～3.9cm，苞片姿态外展，苞片颜色为胭脂红色（N67C）；花被管与苞片同色，带浅绿色，基部稍膨大，中部缢缩；星花乳白色。抗性强，露地栽培长势旺盛，周年开花。

**品种来源**：1996年由印度沙玛博士（Dr. D. C. Sharma）培育而成。

## 卡 亚 塔

**流通名称**：卡亚塔

**国际通用名**：*Bougainvillea spectabilis* 'Kayata'

**品种特性**：株型半下垂，自然分枝丰满匀称。幼枝、嫩叶浅绿色，有毛，1年生枝条节间长度2.2～3.1cm，枝刺长0.7～1.2cm，枝刺直或略弯曲；叶片椭圆形，基部窄楔形，叶片长6.6～8.6cm，宽4.1～5.2cm，叶柄长1.4～2.1cm；花序着生于整个枝条，苞片簇密度密，花序苞片簇4～6个，苞片中卵形，先端钝尖，基部心形，苞片长4.2～5.7cm，宽3.0～3.9cm，苞片姿态外展，苞片颜色为粉红色（64B、64C）；花被管绿色，带粉红，基部稍膨大，中部稍缢缩；星花白带浅绿色。防雨设施栽培生长旺盛，开花繁茂，周年开花。

**品种来源**：种子培育品种，亲本不详。1961年印度班加罗尔的拉尔巴格植物公园从肯尼亚引进。

## 金发女郎

流通名称：金发女郎

国际通用名：*Bougainvillea × buttiana* 'Blondie'

品种特性：株型半直立，自然分枝松散不匀称。幼枝浅绿色，1年生枝条节间长度3.5～6.5cm，枝刺长1.2～1.9cm，枝刺直或略弯曲；叶片椭圆形，基部宽楔形，叶片长8.3～12.1cm，宽5.1～6.4cm，叶柄长0.5～1.3cm；花序着生于枝条顶端，苞片簇密度中等，花序苞片簇3～6个，苞片中卵形，先端渐尖，基部心形，苞片长3.3～4.5cm，宽2.3～3.2cm，苞片姿态外展，苞片颜色初开橙色，后期转为粉红色（73A）；花被管橙色，基部稍膨大，中部稍缢缩；星花白带浅绿色。抗性较差，防雨设施栽培长势较强，周年开花。

品种来源：不详。

## 婴儿玫瑰

流通名称：小粉雀、粉雀

国际通用名：*Bougainvillea × spectoglabra* 'Baby Rose'

品种特性：半下垂型灌木，自然分枝松散不匀称。幼枝红绿色，成熟枝紫褐色，刺长1.2～1.5cm，被毛，稍弯；叶纸质，中卵形，叶片长4.2～8.0cm，宽4.5～5.2cm，基部窄楔形，叶尖渐尖，有波浪状叶缘；花序着生于枝条顶端；花序苞片簇3～7个，苞片复色，苞片基部至先端呈白色至粉色渐变晕染（67C、55B），苞片脉紫红色，椭圆形，长3.1～3.5cm，宽2.4～2.8cm，先端急尖，基部心形，苞片姿态外展；花被管颜色带绿。抗性较差，适合防雨设施栽培，周年开花。

品种来源：不详。

## 绿 叶 橙

**流通名称**：麦克林夫人、小叶橙、金黄、金鱼红

**国际通用名**：*Bougainvillea × buttiana* 'Mrs. McClean'

**品种特性**：株型直立，自然分枝稀疏，较匀称。红绿色幼枝，刺稍弯；成熟叶深绿色，阔卵形，基部圆形，平展无波状边缘；全枝有花，花序苞片簇数量较多，6 ~ 10个；苞片橙红色初期(35B)、后期(54A、55B)，中卵形，先端钝尖，基部近圆形，姿态外展，无宿存。抗性强，露地栽培生长旺盛。

**品种来源**：不详。

## 波伊斯玫瑰

**流通名称**：波伊斯玫瑰

**国际通用名**：*Bougainvillea cv* 'Bois de Rose'

**品种特性**：半直立型灌木，分枝疏松匀称。幼枝浅绿色，枝刺长1.4 ~ 2.2cm，稍弯曲；叶片中卵形，叶片长11.0 ~ 17.0cm，宽7.1 ~ 11.0cm，基部宽楔形，边缘平整，幼叶红绿色，成熟叶深绿色；全枝着花，苞片簇密度中等，花序苞片簇较多，7 ~ 11个；苞片初期橙红色(30B)，后期粉色(N57D)，中卵形，苞片长4.3 ~ 5.6cm，宽3.6 ~ 5.0cm，先端钝尖，基部心形，苞片姿态平直或外展；花被管颜色橙色，基部稍膨大，星花淡黄色；苞片无宿存；露地生长抗性中等，长势中等，周年开花。

**品种来源**：不详。

## 柠檬黄

流通名：玛丽巴林夫人、绿叶柠檬黄

国际通用名：*Bougainvillea × buttiana* 'Lady Mary Baring'

品种特性：株型半直立，自然分枝丰满匀称。幼枝浅绿色，节间长度1.6～4.0cm，枝刺长1.0～1.5cm，先端略弯曲；叶片阔卵形，长约8.0cm，宽约6.4cm，基部宽楔形，幼叶红绿色，成熟叶中绿色；花序着生于枝条顶部和中部，苞片簇密度中等，花序苞片簇4～6个；苞片阔椭圆形，长约4.4cm，宽约3.3cm，先端钝尖，基部近圆形，姿态外展，初期深黄色（26A），后期浅黄色（15C）；花被管橙黄色；星花白色。抗性较强，露地栽培生长较旺盛，周年开花。

品种来源：不详。

## 绿叶浅黄

流通名：小靓女

国际通用名：*Bougainvillea × buttiana* 'L. Orathai'

品种特性：株型半直立，自然分枝丰满匀称。幼枝绿色，节间长度1.3～1.7cm，枝刺0.8～1.2cm，先端略弯曲；叶片中卵形，长约6.7cm，宽约5.4cm，基部宽楔形，嫩叶浅绿色，成熟叶中绿；花序着生于整个枝条，苞片簇密度中等，花序苞片簇4～6个枚；苞片中卵形，长约4.4cm，宽约3.2cm，先端钝尖，基部近圆形，姿态外展，初期深黄色（26A），后期浅黄色（15C）；花被管黄色；星花淡黄绿色。抗性强，露地栽培生长较旺盛，周年开花。

品种来源：不详。

## 加州黄金

**流通名称**：加州黄金、金黄、蛋黄、加黄

**国际通用名**：*Bougainvillea × buttiana* 'California Gold'

**品种特性**：直立灌木，自然分枝稀疏匀称。嫩枝红绿色，嫩刺有毛，枝刺长0.6～1.6cm，先端稍弯曲；叶绿色，近圆形，长4.9～9.0cm，宽4.3～6.6cm，纸质，基部圆形，边缘有中度波状；花序着生于枝条中部和顶部，苞片簇密度中等，花序苞片簇10～15个，苞片阔椭圆形，基部心形，先端钝尖端，稍扭曲，新苞片颜色金黄色(22A)，后转为橙粉色（35D）；花被管深黄色，带浅绿；星花淡黄色。抗性强，露地栽培生长旺盛，花期10—12月、翌年2—4月。

**品种来源**：芽变自 'Crimson Lake'。1943年由J. S. 柯兰在美国加利福尼亚州洛杉矶的花园中发现和培育，并申请品种专利，专利号为PP931。

## 蒙娜丽莎黄

**流通名称**：蒙娜丽莎黄

**国际通用名**：*Bougainvillea peruviana* 'Mona Lisa Yellow'

**品种特性**：半直立株型，自然生长枝条分布稀疏均匀。嫩枝黄绿色，中部节间长度1.9～2.1cm；枝刺长0.6～1.2cm，稍弯曲；叶片阔卵形，中部叶片长7.2～10.7cm，宽5.0～7.8cm，叶柄长2.2～4.0cm，叶表面扭曲不平，叶边缘反卷，嫩叶中部有暗黄色斑，老叶深绿色；花序着生于枝条顶端和中部，苞片簇密度中等，苞片阔椭圆形，基部圆形，先端钝尖，边缘略外翻，苞片长3.6～4.0cm，苞片宽3.1～3.5cm，苞片颜色黄色（22A）；花被管橙色，基部膨大；星花黄绿色。抗性弱，防雨设施栽培长势中等，全年开花。

**品种来源**：芽变自 '蒙娜丽莎'（'Mong Lisa'）。

## 伊娃白

**流通名称**：白雪公主、绿叶白

**国际通用名**：*Bougainvillea Glabra* 'Mrs. Eva Baring'

**品种特性**：株型半下垂，自然分枝紧密丰满匀称。幼枝中绿色，刺稍弯；幼叶绿色，成熟叶深绿色，叶片纸质，阔卵形或椭圆形，基部宽楔形，平展；花序着生于整个枝条，花序苞片簇4~6个，密集；苞片白色中略带绿色(155B)，中卵形，先端渐尖，基部心形，外展；花被管淡绿色；星花黄绿色，苞片宿存。抗性强，露地生长旺盛，开花繁茂，周年开花。

**品种来源**：不详。

## 新加坡白

**流通名**：新加坡大白花、绿叶新白、新白

**国际通用名**：*Bougainvillea glabra* 'Singapore White'

**品种特性**：株型半直立，自然分枝疏松匀称。幼枝浅绿色，节间短，枝刺短、直，长0.4~0.6cm；叶片椭圆形或中卵形，长约10.8cm，宽约5.1cm，基部宽楔形，幼叶浅绿色，成熟叶中绿色；花序着生于枝条顶部或中部，苞片簇密度疏；苞片中卵形，长约6.4cm，宽约4.1cm，先端渐尖，基部心形，姿态外展，白色至乳白色(155A)；花被管绿色；星花浅绿色。抗性中等，露地栽培长势中等，周年开花。

**品种来源**：不详。

## 柳叶白

**流通名称**：谢伟塔

**国际通用名**：*Bougainvillea Glabra* 'Shweta'

**品种特性**：半直立株型，自然分枝匀称，较松散；幼枝中绿色，刺稍弯；叶片中绿色，中卵形或椭圆形，基部窄楔形，无波状边缘；花序着生于枝条顶端和中部，苞片簇密，苞片白色（155B），中卵形，先端渐尖，基部近圆形，苞片外展反卷，苞片簇间苞片着生间隙大；花被管淡绿色，基部膨大，中部缢缩；星花黄绿色，花后无宿存。抗性强，露地生长旺盛，周年开花。

**品种来源**：*Bougainvillea glabra* 'Trinidad' 的芽变。1979年，S. C.沙玛博士（Dr. S. C. Sharma）在印度的 Lucknow 国家植物研究所发布。

## 印度画报

**流通名称**：奇特拉、画报、百变女郎

**国际通用名**：*Bougainvillea × buttiana* 'Chitra'

**品种特性**：直立株型，自然分枝疏散不匀称。幼枝略带红，老枝浅褐色，刺大略弯；叶大，近圆形或阔椭圆形，基部圆形，新叶铜色，老叶深绿色；花序着生于枝条顶端，苞片颜色为复色，新苞片为黄白色，部分苞片外缘有紫红色，成熟苞片或白色（157B）、或粉红色（163D）、或紫红色（67B）的复色，近圆形，顶端圆钝，基部心形，苞片质地厚实，花被管颜色或绿色或红色，基部膨大，中部缢缩；星花浅绿色，防雨设施栽培生长旺盛，露地栽培长势中等。

**品种来源**：父本是 *Bougainvillea peruviana* 'Dr. B. P. Pal'，母本是 *Bougainvillea × buttiana* 'Tetra Mrs. Mc. Clean'。1981年由印度科学家 T. N. Khoshoo、D. Ohri 和 S. C.沙玛博士（Dr. S. C. Sharma）发布。

## 红·心樱花

流通名称：马克瑞斯、花蝴蝶、心里美、漳红樱

国际通用名：*Bougainvillea × spectoperuviana* 'Makris'

品种特性：株型半下垂，自然分枝丰满匀称。嫩枝浅绿色，枝刺嫩时有毛，老刺无，直立或略弯曲；叶片中卵形，基部中楔形，叶片纸质，黄绿色；整枝或顶部着花，苞片簇密度中等，苞片阔椭圆形，先端钝尖，基部心形，姿态平直或外展，复色，苞片为沿主脉分布的淡紫红色（67C）晕块，外沿白色（N155B），或苞片全白色；花被管或淡紫红色，或浅绿色；星花黄绿色。抗性较强，露地生长较旺盛。

品种来源：'绿叶双色'（*Bougainvillea spectoperuviana* 'Mary Palmer'）的芽变。

## 绿叶樱花

流通名称：帝国喜悦、皇家泰国喜悦、泰国喜悦、绿樱、白里透红

国际通用名：*Bougainvillea peruviana* 'Imperial Delight'

品种特性：株型半直立，自然分枝疏松匀称。嫩枝绿色，枝刺略弯曲；叶片阔卵形，基部宽楔形，成熟叶片中绿色；整枝或枝条顶端着花，苞片簇密度中等，花序苞片簇3～7个；苞片近圆形，先端钝尖，基部圆形，姿态外展，苞片颜色为复色，苞片初期黄绿色，成熟苞片为基部白色（N155B）逐渐至先端粉红色（67D）的渐变，苞片脉紫红色；花被管浅绿色；星花黄绿色。抗性强，露地生长较旺盛。

品种来源：不详。

## D 红

流通名称：开口笑

国际通用名：*Bougainvillea* × *spectoperuviana* 'Lipstick'

品种特性：半下垂株型，自然分枝丰满匀称。嫩枝浅绿色，节间长度3.8～5.1cm，枝刺长1.1～1.5cm；叶片中卵形，基部宽楔形，嫩叶绿色，成熟叶中绿，上表皮被毛；花序着生在顶端和中部；苞片阔椭圆形，先端钝尖，基部心形，苞片姿态平直或略外展，复色，主色为沿主脉基部至中部白色，先端周边为浅玫红色（N66C），或苞片为全白色；花被管白色或浅玫红色，星花淡绿色。抗性较强，露地栽培长势中等，周年开花。

品种来源：不详。

## 瓦基德阿里沙

流通名称：末代皇帝

国际通用名：*Bougainvillea spectabilis* 'Wajide Ali Shah'

品种特性：半直立株型，自然分枝疏松，丰满匀称。嫩枝浅绿色，节间长度1.9～4.6cm，枝刺长约1.5cm；叶片阔卵形，基部宽楔形，嫩叶红绿色，成熟叶深绿色，上表皮被毛；花序着生在顶端；苞片阔椭圆形，先端渐尖，基部心形，苞片姿态平直或外展，复色，主色为沿主脉基部及中间白色（155C），先端周边为浅紫色（N78B）。花被管绿色，基部膨大，中部缢缩；星花浅绿色，防雨设施栽培长势中等。

品种来源：不详。

## 绿叶五宝

**流通名称**：粉黛、瓢虫

**国际通用名**：*Bougainvillea × buttiana* 'Lady brid'

**品种特性**：半直立株型，自然分枝丰满匀称。嫩枝浅绿色，枝刺直立或顶端略弯，嫩刺红褐色；叶片近圆形，基部圆形，顶部急尖，新叶黄绿色，成熟叶片中绿色，叶片上表面被毛；花着生于枝条顶端或上部，苞片簇密度中等，花序苞片簇6~9个；苞片阔椭圆形，基部心形，先端钝尖，姿态稍外展，复色，白色苞片晕染紫红色斑块（73C或73B）；花被管粉红色或绿色带粉红斑，基部膨大，中部缢缩；星花浅黄绿色，抗性较差，大棚栽培长势中等。

**品种来源**：种间杂交品种。

## 雪　　紫

**流通名称**：白斑紫、马鲁

**国际通用名**：*Bougainvillea glabra* 'Marlu'

**品种特性**：半下垂株型，自然分枝紧凑匀称。幼枝浅绿色，被毛，老枝褐色，刺略弯；叶片椭圆形，基部楔形，嫩叶红绿色或浅绿，成熟叶片绿色，无毛；花着生于整枝条，苞片簇密度密，花序苞片簇3~7个；苞片椭圆形，基部心形，顶部渐尖，姿态外展，苞片颜色变化丰富，有紫色（72D）、白色（N155D）或复色，复色苞片边缘紫色、中间白色；花被管绿色或紫色；星花黄绿色。防雨设施栽培生长旺盛，开花繁茂。

**品种来源**：'白色花瀑'（'White Cascade'）和'农亚'（'Nonya'）的杂交种。

## 热带花束

流通名称：热带花木

国际通用名：*Bougainvillea × buttiana* 'Tropical Bouquet'

品种特性：半直立株型，自然分枝松散匀称。幼枝浅绿色，被毛，枝刺直立；叶片阔卵形或近圆形，基部圆形，绿色；花着生于枝条上半部分；苞片阔椭圆形，稍扭曲，基部心形，顶部钝尖，初期橙红色（26A），后期粉紫色（54C）；花被管橙色，基部膨大，中部缢缩；星花乳白色带浅绿，防雨设施栽培长势中等。

品种来源：不详。

## 玛丽海伦

流通名称：变色龙

国际通用名：*Bougainvillea × buttiana* 'Mary Helen'

品种特性：直立株型，自然分枝松散。嫩枝浅绿色，刺直立或稍弯曲；叶片阔卵形，基部宽楔形，顶端渐尖，新叶红绿色，成熟叶中绿色，被毛；花序着生于枝条顶端，苞片簇密度疏，花序苞片簇3～4个；苞片阔椭圆形，外展，初期橙黄色（29B），成熟时为浅粉色（55C），先端渐尖，基部心形；花被管橙绿色；星花黄绿色。抗性较强，长势中等。

品种来源：不详。

## 银边叶浅紫

流通名称：银边伊娃浅紫

国际通用名：*Bougainvillea glabra* 'Mrs. Eva Mauve Variegata'

品种特性：开展株型，自然分枝紧凑匀称。嫩枝浅绿色，一年生节间长度中，刺微弯；叶片椭圆形，基部宽楔形，叶片主色绿色，边缘为窄不规则黄白色斑块，边缘波状无或弱；全枝着生花序，苞片簇密度密；苞片中卵形，先端渐尖，基部心形，外展，有宿存，粉紫色（N75A）；花被管颜色与苞片相同；星花浅黄绿色。抗性较强，露地栽培长势中等。

品种来源：芽变自'伊娃浅紫'（*Bougainvillea glabra* 'Mrs. Eva Mauve'）。

## 金边叶浅紫

流通名称：金边伊娃浅紫

国际通用名：*Bougainvillea glabra* 'Mrs. Eva Mauve Variegata'

品种特性：开展株型，自然分枝紧凑匀称。嫩枝金黄色，刺微弯；叶片椭圆形，基部宽楔形，叶尖急尖，嫩叶金黄色，成熟叶片中部中绿色，边缘黄色，两色之间有过渡色斑块；花序着生在枝条上半部；苞片阔椭圆形，外展，基部心形，先端急尖，粉紫色；花被管与苞片同色带绿色；星花黄绿色。抗性较差，露地栽培生长慢，防雨设施栽培长势中等。

品种来源：芽变自'银边浅紫'（*Bougainvillea glabra* 'Mrs. Eva Mauve Variegata'）。

## 黄金大奖

**流通名称**：黄金大奖

**国际通用名**：Golden Jackpot

**品种特性**：株型开展，自然分枝紧凑，株型丰满匀称。幼枝金黄色，1年生枝条节间长度2.1～5.5cm，枝刺长2.0～2.4cm，枝刺先端稍弯曲；叶片中卵形或阔卵形，基部圆形，叶片长5.4～6.6cm，宽4.0～4.6cm，叶柄长1.0～1.5cm，叶片金黄色，或叶脉中部周边绿色和灰绿色混杂斑块，边缘为阔边金黄色；花序着生于枝条顶端或整个枝条，苞片簇密度中等，花序苞片簇为3～5个，苞片中卵形，先端钝尖，基部近心形，长2.9～3.4cm，宽1.9～2.2cm，姿态平直或稍外展，紫色（N74A）；花被管颜色紫绿色，基部膨大；星花浅绿色。抗性强，长势中，适合露地栽培，花叶共赏。

**品种来源**：不详。

## 紫色补丁

**流通名称**：银边小叶小紫花

**国际通用名**：*Bougainivillea glabra* 'Purple Patch'

**品种特性**：株型半下垂，枝条细密，自然分枝紧密匀称。幼枝黄绿色，1年生枝条节间长度0.7～1.8cm，枝刺长0.3～0.6cm，枝刺先端稍弯曲；叶片椭圆形，基部宽楔形，叶片长5.7～7.0cm，宽6.0～7.8cm，叶柄长1.9～2.6cm，叶片主脉周边中绿色，阔边缘乳白色，中间过渡色为灰绿色斑块；花序着生于枝条顶端，苞片簇密度中等，花序苞片簇1～3个，苞片阔中卵形，先端渐尖，基部近心形，长2.0～2.5cm，宽1.5～1.8cm，姿态平直，艳紫色（N74B）；花被管与苞片同色，基部膨大，中部缢缩；星花浅绿色。抗性差，长势缓慢，适合防雨设施栽培。

**品种来源**：芽变品种。

## 斑叶安格斯

**流通名称**：金边安格斯、超级安格斯

**国际通用名**：*Bougainvilliea glabra* 'Elizabeth Angus Variegata'

**品种特性**：株型直立，自然分枝丰满匀称。幼枝浅绿色，1年生枝条节间长度2.0～2.9cm，枝刺长0.5～1.1cm，枝刺先端稍弯曲；叶片阔卵形，基部宽楔形，叶片长5.7～7.0cm，宽6.0～7.8cm，叶柄长1.9～2.6cm，新抽幼叶黄白色，略泛红色，随叶片成熟，变为黄白色和浅绿色混杂的不规则斑块，成熟叶片深绿色；花序着生于枝条顶端和中部，苞片簇密度中等，花序苞片簇3～6个，苞片阔卵形，先端渐尖，基部近心形，长4.1～4.6cm，宽2.8～3.7cm，姿态外展，紫色（N74B）；花被管与苞片同色，基部膨大，中部缢缩；星花浅绿色。抗性强，长势强，适合露地栽培，周年开花。

**品种来源**：芽变自'安格斯'（*Bougainvilliea glabra* 'Elizabeth Angus'）。

## 金心双色

流通名称：赛玛、金心鸳鸯

国际通用名：*Bougainivillea × spectoperuviana* 'Thimma'

品种特性：株型半下垂，自然分枝丰满匀称。幼枝黄色，1年生枝条节间长度4.0～7.5cm，枝刺长1.1～2.0cm，枝刺先端稍弯曲；叶片中卵形，基部宽楔形或圆形，叶片长9.5～12.3cm，宽7.7～9.1cm，叶柄长3.4～4.5cm，新抽叶片周边黄绿色，中部叶脉周边不规则片状金黄色斑块，成熟叶片周边中绿色，中部主脉周边呈片状金黄色斑块；花序着生于枝条顶端，苞片簇密度中等，花序苞片簇2～3个，苞片中卵形，先端渐尖，基部近心形，长4.0～5.6cm，宽3.4～4.5cm，姿态平直或稍外展，苞片颜色变化丰富，水红色（64C）、白色（155C）或复色（基部白色，上半部水红色），有的整枝水红色，有的整枝白色，或水红与白色混杂；水红苞片花被管颜色水红色，白色苞片花被管浅绿色，基部膨大，中部稍缢缩；星花白色。抗性较强，露地栽培长势强，周年开花。

品种来源：芽变自*Bougainivillea × spectoperuviana* 'Mary Palmer'。

## 孟加拉红

**流通名称**：斑叶猩红女王、皇家孟加拉红

**国际通用名**：*Bougainvillea × buttiana* 'Scarlet Queen Variegata'

**品种特性**：株型直立，自然分枝松散、不匀称。幼枝浅绿色，1年生枝条节间长度2.1～5.8cm，枝刺长0.8～1.3cm，枝刺先端稍弯曲；叶片中卵形，基部宽楔形，叶片长8.7～9.5cm，宽6.0～7.8cm，叶柄长1.9～2.6cm，新抽幼叶边缘粉红色，成熟叶片中部主色灰绿色，边缘为窄边黄白色；花序着生于枝条顶端和中部，苞片簇密度大，花序苞片簇为11～32个，苞片阔卵形，先端钝尖，基部近心形，长3.5～4.2cm，宽3.4～4.0cm，姿态外展，初期暗红色（53C），后期猩红色（N66A）；花被管橙红色，基部膨大，中部缢缩；星花橙黄色。抗性差，防雨设施栽培长势中等。

**品种来源**：不详。

## 拉 菲 泰

流通名称：拉菲泰

国际通用名：*Bougainvillea × buttiana* 'Lafilte'

品种特性：株型直立，自然分枝松散、不匀称。幼枝红绿色，1年生枝条节间长度3.0～4.0cm，枝刺长1.5～2.0cm，枝刺先端稍弯曲；叶片阔卵形，基部宽楔形，叶片长12.3～14.4cm，宽8.8～10.3cm，叶柄长2.7～3.5cm，新抽幼叶红绿色，新叶中部绿色，边缘为阔边金黄色，二者间过渡有不规则灰绿色斑块，成熟叶片为阔边缘绿色，中部为灰绿色暗斑，二者间有灰白色斑块；花序着生于枝条顶端，苞片簇密度疏，花序苞片簇3～5个，苞片中卵形，先端钝尖，基部近心形，长3.5～4.2cm，宽3.4～4.0cm，姿态平直，大红色（66A）；花被管红色，基部膨大，中部缢缩；星花白色。防雨设施栽培长势强。

品种来源：不详。

## 沙斑叶艳红

流通名称：比拉斯

国际通用名：*Bougainvillea* 'Bilas'

品种特性：株型半直立，自然分枝松散、不匀称。幼枝红绿色，1年生枝条节间长度1.9～2.6cm，枝刺长0.9～1.3cm，枝刺先端稍弯曲；叶片阔卵形，基部圆形，叶片长7.3～8.9cm，宽5.6～6.6cm，叶柄长1.0～1.3cm，幼叶红绿色，成熟叶片中部绿色与灰绿色斑块，次色为阔边缘的黄色，有溅射状绿色斑点；花序着生于枝条顶端，苞片簇密度密，花序苞片簇3～11个，苞片阔中卵形，先端渐尖，基部近心形，长3.1～4.0cm，宽2.7～3.0cm，姿态外展，玫红色（66B）；花被管橙色或绿色，基部膨大，中部缢缩；星花白色。抗性中等，露地栽培长势中等。

品种来源：不详。

## 蓝月亮

流通名称：金边玫红、祖基

国际通用名：*Bougainvillea* × *buttiana* 'Zuki'

品种特性：株型开展型，自然分枝丰满、匀称。幼枝红绿色，1年生枝条节间长度1.5～2.0cm，枝刺长0.7～1.0cm，枝刺先端稍弯曲；叶片阔卵形，基部圆形，叶片长6.2～8.1cm，宽5.1～5.9cm，叶柄长1.1～1.9cm，幼叶红绿色，成熟叶片主色中绿色，次色为窄边黄白色；花序着生于枝条顶端，苞片簇分布密度中等，花序苞片簇4～9个，苞片阔椭圆形，先端急尖，基部近心形，长3.5～4.0cm，宽3.3～4.7cm，姿态外展，深玫红色（N74A）；花被管与苞片同色，基部膨大，中部缢缩；星花白色。抗性较差，适合防雨设施栽培，长势中等。

品种来源：2000年澳大利亚圣婴公司（Bambino）发布。

## 蜡 染 粉

**流通名称**：蜡染粉

**国际通用名**：*Bougainvillea × buttiana* 'Batik Pink'

**品种特性**：株型半下垂，自然分枝丰满、匀称。幼枝浅绿色，1年生枝条节间长度 3.0 ~ 4.1cm，枝刺长 0.7 ~ 0.9cm，枝刺先端稍弯曲；叶片中卵形，基部窄楔形，叶片长 7.3 ~ 8.1cm，宽 4.0 ~ 5.7cm，叶柄长 1.2 ~ 1.9cm，幼叶黄绿色，成熟叶片主色灰绿色，次色为窄边黄白色；花序着生于枝条顶端，苞片簇密度中等，花序苞片簇 8 ~ 9 个，苞片阔椭圆形，先端钝尖，基部近圆形，长 3.4 ~ 3.8cm，宽 2.3 ~ 2.8cm，姿态平直或稍外展，粉红色（68A）；花被管粉红绿色，基部稍膨大，中部稍缢缩；星花乳白色。抗性差，防雨设施栽培长势中等，开花繁茂。

**品种来源**：不详。

## 斑叶红九月

**流通名称**：斑叶红九月

**国际通用名**：*Bougainvillea × buttiana* 'Red September Variegata'

**品种特性**：株型半直立，自然分枝丰满、匀称。幼枝中绿色，1年生枝条节间长度2.3～2.5cm，枝刺长0.8～1.3cm，先端稍弯曲；叶片阔卵形，基部宽楔形，叶片长5.0～6.6cm，宽3.8～4.8cm，叶柄长1.1～1.3cm，幼叶黄绿色，具浅黄色暗斑，成熟叶片主色为绿色，次色为不规则黄斑或分散不规则浅黄色斑块；花序着生于枝条顶端和中部，苞片簇密度疏，花序苞片簇3～6个，苞片阔椭圆形，先端钝尖，基部心形，苞片长4.1～4.4cm，宽3.3～3.8cm，姿态外展，颜色为复色，有的苞片整个呈红色（67A）或粉紫红色（N66A），复色呈不规则的浸润状斑块；花被管红褐色，基部稍膨大，中部稍缢缩；星花白色。抗性差，适合防雨设施栽培，长势中等，开花繁茂。

**品种来源**：'红九月'（*Bougainvillea × buttiana* 'Red September'）的变种。

## 暗斑五宝

流通名称：瓢虫蜡染

国际通用名：*Bougainvillea × buttiana* 'Ladybrid Batik'

品种特性：株型半直立，自然分枝丰满、匀称。新芽浅绿色，1年生枝条节间长度2.1～3.0cm，枝刺长0.6～2.0cm，枝刺先端稍弯曲；叶片阔卵形，基部宽楔形，长6.4～7.5cm，宽5.8～6.3cm，叶柄长1.5～1.9cm，幼叶黄绿色，成熟叶片主色绿色，次色在主脉边缘有黄绿色暗斑；花序着生于枝条顶端，苞片簇密度中等，花序苞片簇4～10个，苞片阔椭圆形，先端渐尖，基部心形，长3.0～3.2cm，宽2.5～2.7cm，姿态外展，初期浅绿色，后变为白色至粉红色（65A、65B）；花被管红绿色，基部稍膨大，中部稍缢缩；星花白色。抗性较差，防雨设施栽培长势中等，开花繁茂。

品种来源：芽变自'五宝'（*Bougainvillea × buttiana* 'Ladybrid'）。

## 洒金叶粉

**流通名称**：洒金粉红、粉红梦幻、洒金宫粉

**国际通用名**：*Bougainvillea × buttiana* 'Fantasy Pink'

**品种特性**：株型半直立，自然分枝密度中，冠幅较匀称。新芽绿色，枝刺长0.9～2.6cm，枝刺先端稍弯曲；叶片阔卵形，基部圆形，先端急尖，长9.2～12.3cm，宽6.1～8.6cm，叶柄长0.8～2.0cm，主色绿色，在主脉两边有不规则黄色斑块或喷洒状斑点；花序着生于枝条顶端，苞片簇密度中等，花序苞片簇4～7个；苞片近圆形，先端钝尖，基部心形，长4.0～4.7cm，宽1.2～1.8cm，姿态稍外展，粉红色（68B）；花被管浅绿色，基部稍膨大，中部稍缢缩；星花白色。抗性较强，长势中等，可以露地栽培。

**品种来源**：不详。

## 金边叶橙

**流通名称**：金斑橙、橙冰

**国际通用名**：*Bougainvillea × buttiana* 'Orange Ice'

**品种特性**：株型开展型，自然分枝丰满、匀称。新芽中绿色，1年生枝条节间长度1.8～3.7cm，枝刺长1.6～1.9cm，枝刺先端稍弯曲；叶片中卵形，基部窄楔形，叶片长6.6～8.3cm，宽4.8～5.7cm，叶柄长0.8～1.9cm，幼叶红绿色，成熟叶片主色绿色，次色阔边缘黄色，两色间有灰绿色不规则斑块；花序着生于枝条顶端和中部，苞片簇密度中等，花序苞片簇4～5个，苞片阔椭圆形，先端钝尖，基部心形，苞片长3.6～4.3cm，宽3.1～3.9cm，苞片姿态外展，苞片初期橙黄色（33B），后期橙粉色；花被管与苞片同色，基部稍膨大，中部稍缢缩；星花白色。抗性较差，适合防雨设施栽培，长势一般。

**品种来源**：不详。

## 金边樱花

**流通名称**：蜡染樱花、曙光喜悦

**国际通用名**：*Bougainvillea × buttiana* 'Twilight Delight'

**品种特性**：株型半直立，自然分枝丰满、匀称。新芽黄绿色，1年生枝条节间长度2.8～4.4cm，枝刺长1.0～1.4cm，枝刺先端稍弯曲；叶片阔卵形，基部宽楔形，叶片长8.2～10.7cm，宽5.7～7.3cm，叶柄长1.6～3.3cm，幼叶黄绿色，成熟叶片主色灰绿色，次色为阔边黄色，两色间有灰色不规则斑块；花序着生于枝条顶端，苞片簇密度中等，花序苞片簇6～8个，苞片阔椭圆形，先端钝尖，基部心形，长3.6～4.5cm，宽2.2～3.4cm，姿态外展，复色，由基部白色向上渐变为水粉色（55C）；花被管浅绿色，基部稍膨大，中部稍缢缩；星花初期白色，后期白色。抗性较差，适合防雨设施栽培。

**品种来源**：来自*Bougainvillea × buttiana* 'Barbara Karst'

## 银边叶白花

流通名称：斑叶伊娃夫人、白色条纹、萨旺尼

国际通用名：*Bougainvillea glabra* 'Mrs. Eva White Variegata'

品种特性：株型半下垂，自然分枝紧密、匀称。嫩枝浅绿色，1年生枝条节间长度2.0～2.8cm，枝刺短，0.2～1.0cm，枝刺先端稍弯曲；叶片窄卵形，基部渐窄，长7.3～8.3cm，宽4.0～5.0cm，叶柄长1.5～2.5cm，幼叶黄绿色，成熟叶片主色浅绿色，次色为窄边缘黄白色；花序着生于整个枝条，苞片簇密度中等，花序苞片簇2～3个，苞片中卵形，先端钝尖，基部心形，长3.6～4.5cm，宽2.2～3.4cm，姿态外展，白色（155D）；花被管橙绿色，基部稍膨大，中部缢缩；星花乳白色。抗性较差，露地栽培生势慢。

品种来源：芽变来自'银边浅紫'（*Bougainvillea glabra* 'Mrs. Eva Mauve Variegata'）。

## 小红雀

**流通名称**：番茄红、软枝小花红、辣椒红、爆竹红

**国际通用名**：*Bougainvillea × spectoglabra* 'Tomato Red'

**品种特性**：株型半下垂，自然分枝稀散，枝条柔软细长。嫩枝浅绿色，1年生枝条节间长度1.4～2.0cm，枝刺长1.3～1.9cm，枝刺先端稍弯曲；叶片阔卵形，基部宽楔形，长7.7～9.8cm，宽4.6～6.7cm，叶柄长0.7～1.4cm，幼叶红绿色，成熟叶片浅绿色；着生于枝条顶端，苞片簇密度中等，花序苞片簇3～4个，苞片中卵形，先端钝尖，基部心形，长3.5～4.4cm，宽2.2～2.7cm，姿态平直或稍外展，初期暗红色（42A），后期红色（58B）；花被管橙绿色，基部稍膨大，中部缢缩；星花初期浅橙色，后期白色。抗性较差，露地栽培生长慢适合防雨设施栽培，周年开花。

**品种来源**：是*Bougainvillea Spectabilis* 'Thomasii' 和*Bougainvillea glabra*杂交后代，1970年由澳大利亚杜利（W. F. Turley）在昆士兰发布。

## 小 紫 雀

**流通名称**：紫辣椒

**国际通用名**：*Bougainvillea* × *spectoglabra* 'Firecracker Purple'

**品种特性**：株型半下垂，自然分枝稀散，枝条柔软细长。嫩枝浅绿色，1年生枝条节间长度1.9 ~ 4.7cm，枝刺长1.6 ~ 2.6cm，枝刺先端稍弯曲；叶片阔卵形，基部窄楔形，叶片长7.7 ~ 9.8cm，宽4.6 ~ 6.7cm，叶柄长1.0 ~ 1.5cm，幼叶黄绿色，成熟叶片浅绿色；着生于枝条顶端，苞片簇密度中等，花序苞片簇3 ~ 4个；苞片中卵形，先端钝尖，基部心形，长约4.2cm，宽3.1 ~ 3.5cm，姿态平直或稍外展，粉紫红（N66B）；花被管粉红色，基部稍膨大，中部缢缩；星花白色。抗性差，露地栽培生长慢，适合防雨设施栽培，周年开花。

**品种来源**：不详。

## 小 橙 雀

**流通名称**：炮仗橙、辣椒橙、软枝橙

**国际通用名**：*Bougainvillea* × *spectoglabra* 'Firecracker Orange'

**品种特性**：株型半下垂，自然分枝稀散，枝条柔软细长。嫩枝浅绿色，1年生枝条节间长度2.1 ~ 3.2cm，枝刺长1.8 ~ 2.1cm，枝刺先端稍弯曲；叶片中卵形，基部窄楔形，长6.3 ~ 9.2cm，宽4.4 ~ 6.0cm，叶柄长0.8 ~ 1.6cm，幼叶红绿色，成熟叶片浅绿色；着生于枝条顶端，苞片簇密度中等，花序苞片簇3 ~ 6个；苞片中卵形，先端急尖，基部心形，长3.2 ~ 3.6cm，宽2.7 ~ 3.2cm，姿态平直，橙黄色（31A）；花被管橙绿色，基部稍膨大，中部缢缩；星花浅黄色。抗性较差，露地栽培生长慢，周年开花。

**品种来源**：不详。

## 小 黄 雀

**流通名称**：黄辣椒、黄雀、小金雀、金雀

**国际通用名**：*Bougainvillea × spectoglabra* 'Chili Yellow'

**品种特性**：株型半下垂，枝条柔软细长，自然分枝疏散。嫩枝浅绿色，1年生枝条节间长度1.8～2.6cm，枝刺长1.3～3.0cm，枝刺先端稍弯曲；叶片阔卵形，基部宽楔形，叶片长6.6～8.3cm，宽4.8～5.7cm，叶柄长1.1～1.6cm，幼叶黄绿色，成熟叶片中绿色；着生于枝条顶端，苞片簇密度中等，花序苞片簇3～6个，苞片中卵形，先端渐尖，基部心形，长3.2～3.6cm，宽2.5～3.0cm，片姿态平直，黄色（24A）；花被管黄绿色，基部稍膨大，中部缢缩；星花浅黄色。抗性差，适合防雨设施栽培，周年开花。

**品种来源**：不详。

## 小 白 雀

**流通名**：炮仗白、白雀

**国际通用名**：*Bougainvillea × spectoglabra* 'Firecracker Chlilwhite'

**品种特性**：株型半下垂，自然分枝松散不匀称。幼枝绿色，节间长度2.2～3.7cm，枝刺细，略弯曲；叶片椭圆形，长约6.0cm，宽约3.7cm，基部中楔形，中绿色；花序着生于枝条顶部，苞片簇密度疏，花序苞片簇3～7个；苞片中卵形，先端渐尖，基部近心形，姿态直立，白色；花被管绿色，基部膨大，中部缢缩；星花浅色。周年开花。

**品种来源**：不详。

# 红　蝶

**流通名称**：拉塔纳红、红蝴蝶

**国际通用名**：*Bougainvillea × spectoglabra* 'Ratana Red'

**品种特性**：株型半直立，自然分枝丰满匀称。嫩枝浅绿色，1年生枝条节间长度2.0 ~ 2.3cm，枝刺长1.2 ~ 1.8cm，枝刺先端稍弯曲；叶片窄卵形或披针形，基部宽楔形，边缘不规则，叶片长5.7 ~ 10.3cm，宽2.5 ~ 3.9cm，叶柄长1.4 ~ 3.0cm，幼叶主色绿色，边缘为窄边，浅黄色金边，成熟叶片主色灰绿色，边缘为窄白色银边；花序着生于枝条顶端，苞片簇密度中等，花序苞片簇3 ~ 6个，苞片披针形，先端急尖，基部楔形，边缘不规则，姿态外展，艳紫红色（N74A）；花被管颜色与苞片相同；星花白色。抗性较强。

**品种来源**：不详。

## 橙　蝶

**流通名称**：拉塔纳橙、橙蝴蝶

**国际通用名**：*Bougainvillea × spectoglabra* 'Ratana Orange'

**品种特性**：株型半直立，自然分枝密度中等，株型匀称。嫩枝绿色，1年生枝条中部节间长度1.8～2.3cm，枝刺长1.5～1.7cm，先端稍弯曲；叶片椭圆形或窄卵形，基部窄楔形，叶片边缘不规则，长7.6～8.5cm，宽4.2～5.4cm，叶柄长1.9～2.5cm，幼叶主色浅绿色，边缘为窄边古铜色，成熟叶片主色灰绿色，次色为边缘为窄边浅黄色；花序着生于枝条顶部和中部，苞片簇密度中等，花序苞片簇5～11个，苞片为披针形或窄卵形，边缘不规则，先端急尖，基部楔形，苞片簇姿态外展，苞片颜橙红色（N34D）；花被管橙色，基部稍膨大；星花白色。抗性弱，防雨设施栽培长势一般。

**品种来源**：人工辐射诱变品种，1980年在泰国发布。

## 黄 蝶

**流通名称**：拉塔纳黄、黄蝴蝶

**国际通用名**：*Bougainvillea × spectoglabra*'Ratana Yellow'

**品种特性**：株型半下垂，自然分枝较密，株型匀称，植株矮小。嫩枝绿色，1年生枝条节间长度1.8～4.0cm，枝刺长0.4～1.6cm，枝刺顶端稍弯曲；叶片椭圆形，基部中楔形，长6.5～9.0cm，宽约6cm，幼叶主色绿色，边缘为窄边粉红色，成熟叶片主色为灰绿色，边缘为窄边白色或浅黄色，叶片边缘有不规则弧形；花序着生于枝条顶部和中部，苞片簇密度中等，花序苞片簇4～6个，苞片披针形或中卵形，基部楔形，先端急尖，边缘为不规则微波形，姿态外展，黄色（22A）；花被管颜色黄绿色，基部稍膨大；星花白色。抗性差，生长慢，适宜防雨设施栽培。

**品种来源**：辐射诱变育成品种。

## 粉 蝶

**流通名称**：拉塔纳彩虹、彩虹蝴蝶、新娘蝴蝶

**国际通用名**：*Bougainvillea × spectoglabra*'Ratana Rainbow'

**品种特性**：株型开展型，自然分枝较密，株型匀称，株型矮小。嫩枝浅绿色，1年生枝条节间长度1.9～3.0cm，枝刺长1.4～1.6cm，枝刺稍弯曲；叶片中卵形，长9.9～10.5cm，宽4.9～6.5cm，基部宽楔形，主色为绿色，仅边缘为窄边黄白色；花序着生于整个花枝，苞片簇密度中等，花序苞片簇3～6个，苞片窄卵形，长3.9～4.1cm，宽1.9～2.7cm，边缘有不规则弧形，复色，为基部白色（N155D）至先端粉红色（67C）的渐变色；花被管绿色；星花浅绿色。抗性较强，长势中等，生长速度慢，花期10—12月，翌年2—4月。

**品种来源**：辐射诱变育成品种。

## 重 瓣 红

流通名称：重红、怡红、珊红

国际通用名：*Bougainvillea* × *buttiana* 'Mahara'

品种特性：株型半直立，分枝较多，株型匀称。嫩枝先端浅绿色，下部红绿色，1年生枝条中部节间长度3.1～4.1cm，枝刺长1.5～2.6cm，枝刺弯曲度强；叶片阔卵形，基部圆形，长6.4～12cm，宽4.8～9.8cm，叶柄长1.3～1.8cm，幼叶浅绿色，成熟叶片深绿色；花序着生于整个枝条，苞片簇苞片数量多、密，花序苞片簇15～43个，重苞型，苞片披针形，先端急尖，基部近圆形，盛花期颜色红色（71B-N74B）；花被管及星花退化，花期后苞片宿存枝条上。抗性强、生长旺盛，周年开花。

品种来源：不详。

## 重 瓣 粉

**流通名称**：洛斯巴诺斯美人、马哈拉粉、菲律宾小姐、粉红喜悦

**国际通用名**：*Bougainvillea × buttiana* 'Los Banos Bauty'

**品种特性**：株型半直立，自然分枝稀疏分散。嫩枝颜色红绿色，节间长度0.8～1.0cm，枝刺小，0.3～0.6cm，枝刺先端直或稍弯曲；叶片阔卵形，基部圆形，长2.2～4.0cm，宽2.0～3.8cm，叶柄长0.5～1.8cm，幼叶黄绿色，成熟叶片中绿色；花序着生于枝条顶部和中部，苞片簇苞片数量多密，花序苞片簇16～40个，重苞型，苞片阔椭圆形，先端渐尖，基部近圆形，姿态外展，初期黄绿色，后期粉红色（68A）、浅粉色，小花退化；无花被管和星花，苞片枯萎后宿存枝条上。抗性强，生长较旺盛，周年开花。

**品种来源**：芽变自'重瓣红'（*Bougainvillea × buttiana* 'Mahara'），由J. V. Pancho于1967年在菲律宾的拉古纳培育并发布，1971年获得新品种权。

## 重瓣橙

**流通名称**：罗斯维尔的喜悦、黄锦、多纳罗西塔的喜悦、金色荣耀、马哈拉橙、多布隆

**国际通用名**：*Bougainvillea* × *buttiana* 'Roseville's Delight'

**品种特性**：株型半直立，自然分枝较密，冠幅匀称。嫩枝红绿色，1年生枝条中部节间长度1.3～3.0cm，枝刺长0.5～0.9cm，枝刺先端稍弯曲；叶片阔卵形，长8.5～9.1cm，宽6.8～8.5cm，叶柄长1.4～1.8cm，幼叶颜色红绿色，成熟叶片绿色；花序着生于枝条顶端和中部，苞片簇苞片数量多、密，花序苞片簇15～38个，重苞型，外层苞片卵形，先端渐尖，基部近圆形，姿态外展，苞片初期颜色橙红色（172D），后期逐渐退为橙粉色（33D），小花退化；无花被管和星花。花序枯萎后宿存枝条上。抗性强，生长较旺盛。

**品种来源**：芽变自'重瓣红'（*Bougainvillea* × *buttiana* 'Mahara'），也有人认为是芽变自*Bougainvillea* × *buttiana* 'Mrs McClean'。

## 重 瓣 黄

流通名称：澳洲金

国际通用名：*Bougainvillea × buttiana* 'Aussie Gold'。

品种特性：株型直立，自然分枝松散。嫩枝顶端浅绿色，下部红绿色，1年生枝条中部节间长度1.7～2.5cm，枝刺长0.5～0.8cm，枝刺稍弯曲；叶片阔圆形，基部圆形，长8.5～10.9cm，宽6.2～9.3cm，叶柄长1.4～2.0cm，幼叶浅绿色，成熟叶片深绿色；花序着生于枝条顶部，花序梗长4.4～5.6cm，苞片簇苞片数量多、密，花序苞片簇9～15个，重苞型，外层苞片中卵形，先端钝尖，基部近圆形，姿态外展，苞初期黄色（22A），后期颜色逐渐变淡至橙粉色（38D），小花退化；无花被管和星花，宿存。抗性较强，生长较旺盛，周年开花。

品种来源：芽变自*Bougainivillea × buttiana* 'Roseville's Delight'。

## 怡　景

**流通名称**：西施、樱花、新娘花束、樱桃花开

**国际通用名**：*Bougainvillea × buttiana* 'Cherry Blossom'

**品种特性**：株型直立，自然分枝较松散，分枝密度中等。嫩枝浅绿色，1年生枝条节间长度1.7～2.2cm，枝刺长0.6～1.6cm，枝刺先端稍弯曲；叶片椭圆形，基部圆形，幼叶浅绿色，成熟叶片绿色，长6.2～10.6cm，宽5.4～7.7cm，叶柄长1.3～2.1cm；花序着生于枝条顶部和中部，苞片簇苞片数量多、密，花序苞片簇18～32个，重苞型，外层苞片阔椭圆形，先端渐尖，基部近圆形，苞片初期颜色浅绿色（145B），后期变为基部白粉色（NN155B）到先端粉红色（67C）的复色，小花退化；无花被管和星花，苞片枯萎后宿存枝条上。抗性强，生长旺盛，周年开花。

**品种来源**：芽变自'重瓣粉'（*Bougainvillea × buttiana* 'Los Banos Bauty'）。1967年植物学家Dr. J. V. Pancho首次在菲律宾拉古纳农业学校发布，1968年获得新品专利。

## 金边怡景

**流通名称**：优瑟纳拉贾辛格夫人、金斑重苞樱花

**国际通用名**：*Bougainvillea × buttiana* 'Mrs. Eusenia Raja Singhe'

**品种特性**：株型半直立，自然分枝稀疏，不匀称；嫩枝顶端浅绿色，下部红色，1年生枝条节间长度1.8～2.7cm，枝刺长0.7～1.6cm，稍弯曲；叶片阔卵形，基部圆形，长5.7～6.1cm，宽4.8～5.2cm，叶柄长0.8～1.6cm，叶片中部少量黄绿色，阔边缘黄色，中间过渡色灰绿色。花序着生于枝条顶端，花序苞片簇15～50个，外层苞片阔椭圆形，基部近圆形，先端钝尖，姿态外展，初期颜色浅绿色（145D），后期变为基部白粉色（NN155B）到先端粉红色（N74A）的复色，小花退化；无花被管和星花，苞片枯萎后宿存枝条上。抗性差，生长缓慢，花期10—12月、翌年2—4月。

**品种来源**：芽变自'怡景'（*Bougainvillea × buttiana* 'Cherry Blossom'）。

## 重瓣白

**流通名称**：重苞白花

**国际通用名**：*Bougainvillea × buttiana* 'White Double'

**品种特性**：株型直立，自然生长分枝稀疏，不匀称。嫩枝浅绿色，1年生枝条中部节间长度1.8～3.6cm，枝刺长0.7～1.2cm，枝刺先端稍弯曲；叶片中卵形，基部窄楔形，幼叶黄绿色，成熟叶片中绿色，长8.4～11.5cm，宽5.6～6.2cm，叶柄长1.2～2.2cm；花序着生于整个枝条，苞片簇苞片数量多、密，重苞型，外层苞片中卵形，先端渐尖，基部心形，姿态平直，苞片初期浅绿色（145D），后期乳白色（155B），苞片枯萎后宿存于枝条上；无花被管及星花。抗性强，生长旺盛，周年开花。

**品种来源**：不详。

## 金边重粉

流通名称：金边重粉

国际通用名：*Bougainvillea × buttiana* 'Los Banos Bauty Variegata'

品种特性：株型半直立，自然分枝松散不匀称。嫩枝黄色，1年生枝条中部节间长度2.0～2.5cm，枝刺长1.4～1.5cm，枝刺稍弯曲，叶片近圆形，基部宽楔形，长6.9～8.2cm，宽5.4～7.0cm，幼叶黄绿色，成熟叶片中部中绿色，叶片边缘为阔边，黄色，叶片过渡色为灰绿色，边缘微波，叶柄长度1.5～2.3cm；花序着生于枝条顶部和中部，苞片簇苞片数量多、密，花序苞片簇10～23个，重苞型，外层苞片形状中卵形，先端渐尖，基部楔形，长2.1～2.9cm，宽2.1～2.7cm，粉红色(68A)，苞片凋谢宿存；无花被管及星花。长势中等，抗性中，周年开花。

品种来源：不详。

## 红丝绒

流通名：红狐尾、红狐狸尾

国际通用名：*Bougainvillea* 'Red Velve'

品种特性：株型直立，自然分枝疏松匀称。幼枝红绿色，节间短，间距0.8～1.2cm，枝刺短、直，长0.4～0.9cm；叶片中卵形，长约5.5cm，宽约3.1cm，基部中楔形，幼叶红绿色，成熟叶中绿色；花序着生于枝条顶部，苞片簇密度密，花序苞片簇10～14个；苞片窄卵形，先端渐尖，基部楔形，姿态直立，不平整略扭曲，红色(58B)；花被管橙绿色，基部膨大，中部缢缩；星花橙色至浅橙色。周年开花。

品种来源：不详。

## 大密叶塔红

流通名：大密叶精灵、女王玛格丽特

国际通用名：*Bougainvillea spectabilis* ‘Queen Margart’

品种特性：株型直立，自然分枝疏松匀称。幼枝浅红绿色，节间短,0.8 ～ 2.0cm，枝刺短、直、长0.5 ～ 0.8cm；叶片阔卵形，基部宽楔形，不平整波状，幼叶浅绿色，成熟叶中绿色；花序着生于枝条顶部或中部，苞片簇分布密度疏，花序苞片簇3 ～ 7个；苞片中卵形，先端渐尖，基部圆形，姿态直立，紫红色（N74B）；花被管黄绿色；星花黄绿色。

品种来源：不详。

## 塔　　紫

流通名称：粉色小精灵、夏威夷火炬、聪明库

国际通用名：*Bougainvillea × spectoglabra* ‘Pixie Pink’

品种特性：株型直立，3年生植株株高3 ～ 4m。嫩枝浅绿色，节间紧密，1年生枝条中部节间长度0.8 ～ 1.3cm，枝刺长0.6 ～ 1.0cm，枝刺稍弯曲；叶片阔卵形，基部宽楔形，长3.4 ～ 5.0cm，宽2.5 ～ 3.4cm，幼叶黄绿色，成熟叶片中绿色；花序生于枝条顶端，苞片簇密度密，花序苞片簇2 ～ 6个，苞片中卵形，长1.5 ～ 1.7cm，宽2.2 ～ 2.3cm，先端渐尖，基部近圆形，姿态平直，紫红色(64C)；花被管中部稍缢缩，颜色橙色微带绿；星花白色间紫红色。生长旺盛，抗性强，周年开花。

品种来源：由光三角梅和毛三角梅的杂交后代选育而来。

## 塔　橙

流通名称：卡苏米、塔橙

国际通用名：*Bougainvillea × spectoglabra* 'Kasumi'

品种特性：株型直立，株高 3～4m，分枝均匀疏散。嫩枝浅绿色，节间紧密，1年生枝条中部节间长度 0.6～1.1cm，枝刺长 0.5～0.7cm，枝刺稍弯曲；叶片阔卵形，基部圆形，叶片长 5.6～6.2cm，宽 3.6～3.9cm，幼叶黄绿色，成熟叶片中绿色；花序着生于枝条顶端，花序苞片簇 2～6 个，苞片中卵形，先端钝尖，基部近圆形，苞片平直，初期偏橙色（30D），后期粉色（165D）；花被管颜色橙绿色，基部膨大，中部缢缩；星花白色略带粉色。抗性较强，长势较旺盛，周年开花。

品种来源：不详。

## 斑叶塔紫

流通名：金边叶塔紫、沙斑叶塔紫

国际通用名：*Bougainvillea ×spectoglabra* 'Pixie Pink Variegata'

品种特性：株型直立，自然分枝疏松匀称。幼枝红绿色，节间短，枝刺短直；叶片中卵形，长约 5.4cm，宽约 3.9cm，基部宽楔形，沿中部叶脉中绿色和灰绿色斑块绿，阔边缘金黄色，全叶遍布喷洒状深绿色斑点；花序着生于枝条顶部，苞片簇密度密，花序苞片簇 2～6 个；苞片中卵形，长约 2.0cm，宽约 1.3cm，先端渐尖，基部圆形，姿态平直，紫红色（N74B）；花被管黄色；星花乳白色。周年开花。

品种来源：不详。

## 斑叶塔橙

流通名称：萨维特里红、金边塔橙

国际通用名：*Bougainvillea* × *spectoglabra* 'Sawitree Daeng'

品种特性：株型直立，高度中等。嫩枝浅绿色，节间紧密，节间长度0.6～1.1cm，枝刺长0.4～0.5cm，稍弯曲；叶片阔卵形，基部宽楔形，长4.4～4.9cm，宽2.9～3.2cm，成熟叶片边缘黄色宽边，叶中部浅绿色，边缘与中间过渡色为灰绿色，幼也斑纹同成熟叶略带红色；花序着生于枝条顶端，花序苞片簇4～6个，苞片小，长2.0～2.4cm，宽1.5～1.7cm，苞片中卵形，先端渐尖，基部近圆形，姿态平直，初期橙色（62A），后期橙粉色（55D）；花被管基部膨大，中部稍缢缩，颜色橙色；星花白色。抗性中等，长势中等。

品种来源：不详。

## 中国灯笼

流通名称：中国灯笼、橙灯笼

国际通用名：*Bougainvillea* 'Chinese Lantern'

品种特性：株形半直立。嫩枝浅绿色或红绿色，1年生枝条节间长度1.7～2.3cm，枝刺长0.8～1.4cm，稍弯曲；叶片中卵形，基部宽楔形，幼叶红绿色，成熟叶片浅绿色；花序着生于枝条顶端，苞片簇密度中等，花序苞片簇3～7个，苞片中卵形，先端渐尖，基部近圆形，边缘内曲，橙色（N43D），宿存；花被管颜色橙绿色，基部膨大，中部缢缩；星花浅绿色。防雨设施栽培长势中等。

品种来源：不详。

红莲花

流通名称：红莲花

国际通用名：*Bougainvillea* 'Red Lotus'

品种特性：株形半直立。嫩枝中绿色或浅红色，分支细，密度中等，1年生枝条中部节间长度1.2～2.1cm，枝刺长0.6～0.7cm，稍弯曲；叶片中卵形，基部宽楔形，长6.6～7.3cm，宽4.5～5.3cm，幼叶黄绿色，成熟叶片灰绿色，叶片边缘不规则，叶面不平整，向内卷曲；花序着生于整个枝条，苞片簇密度中等，花序苞片簇4～7个，苞片边缘向内卷曲，呈贝壳状，紫红色（N74A）；花被管基部膨大，中部缢缩；颜色与苞片相同；星花乳白色间红色，边缘锯齿形。生长速度中等，抗逆性中等，花期10—12月，翌年2—4月。

品种来源：不详。

# 第三章

# 三角梅繁殖技术

三角梅的繁殖方法有扦插繁殖、压条繁殖、嫁接繁殖、播种繁殖和组织培养，生产者可以根据不同目的选择不同的繁殖方法。一般来说，规模化绿化苗木生产和精品盆栽生产主要采用扦插繁殖；繁殖系数低的品种扩繁、树桩盆景生产主要采用嫁接繁殖的方式；扦插、嫁接难于成活的新品种扩繁还可以采用高压繁殖；播种繁殖由于后代性状分离大，在商品盆栽生产中少有应用，主要用于杂交育种、新品种选育；组织培养受限于幼苗复壮生产周期长，目前没有在生产上大规模应用。

## ◈ 第一节　扦插繁殖

### 一、插穗母本园的建立与管理

1.选地与设施要求　三角梅对土壤的适应性较强，建立母本园宜选择交通便利、阳光充沛、水源充足、排水良好的平地或缓坡地（坡度低于25°）。土质要求透水透气性良好，壤土和沙壤土最佳，忌黏土，土层厚度要求0.6m以上。

设施条件方面没有硬性要求，主要是根据品种特性和种植地的气候特点来选择。由于三角梅在连续的阴雨天气或雨季会发生涝害，导致大面积落叶甚至死亡，从而影响植株生长及插穗产量，所以除了耐涝性较强的品种可以露地种植外，大多数品种都需要种植在防雨设施里，如蝶类、雀类、蓝月亮、波伊斯玫瑰等品种。大多数品种在南方可以露地过冬，而雀类等不耐低温的品种在温度低于8℃时，叶片就会萎蔫黄化脱落，需要在薄膜保温设施大棚的保护下才能正常生长（图3-1）。

图3-1 防雨设施大棚种植的母本园

2.**整地** 母本园建立前需规划好道路和排水系统，并整地。道路要考虑方便生产资料运输，间隔50～60m设置一条支路。道路设计好后，结合道路设计主排水沟和支排水沟。母本园种植前，要先清理地块的树头及杂物，进行两犁两耙。犁地深度30cm以上，犁好的土地要晒土7～10d，再进行耙地，耙地时需将大的土块打碎。地耙平后，用犁地机根据种植株行距开好畦沟（图3-2），然后根据株距挖好种植穴。

图3-2 平地机械起畦，行宽3m

3.**喷灌设施的铺设** 根据道路规划及地形布置供水管道和排水沟。沿主路布置主供水管道，支供水管道沿支路进入田间，田间安装喷灌设施，喷灌设施采用直立式喷灌或悬挂式喷灌，喷头采用出水量较大的型号，不易堵塞。排水沟分为三级，田间设置畦沟，将水排到支排水沟，由支排水沟引入主排水沟，主排水沟沿道路排出种植圃外。

4.**母本的种植** 母本园定植株行距要根据生产插穗规格需求，大规格插穗宜采用较大的株行距，一般露地种植株行距为（1.5～3）m×(3.5～4)m，防雨设施种植株行距为1m×（2～2.5）m；生产茎粗1cm以下的插穗的盆栽母本园可以密植，采用0.5m×1m的株行距。种植穴的大小根据定植苗的大小来确定，30～40cm高的苗宜选择50cm×40cm×30cm的种植穴，种植前每穴施入腐熟有机肥2～3kg，与部分表土拌匀，再覆土5cm厚，然后放入种苗，覆土到根部以上2～5cm，压实土层，注意不宜种植过深（图3-3）。有条件的，可以铺设地膜，防止杂草的生长，方便管理。

5.母本园的管理　刚定植的母本园管理要精细，尤其要注意水分的管理，旱季要注意浇水，雨季要注意排涝。结合浇水每1～2个月施一次复合肥（N：P：K=15：15：15），施放量根据植株大小一般为30～50g每株，沿冠

图3-3　三角梅植株定植

幅边缘开环沟均匀撒施，沟深16～20cm，施后覆土并及时浇水。1～2龄种苗根系没有扎稳前要进行支撑，有利于培养主干，防止倒伏（图3-4）；3龄以后的母株，根据品种植株根系情况确定是否采用支撑（图3-5）。进入2龄以上生长健壮的母株可以粗放管理，旱季每月灌水1次，每年施两次有机肥，一次为春季剪枝后的2—3月，一次为秋季9—10月，在株间穴施，施用量为2～3kg每株，生长季每1～2月施一次复合肥，每次100～150g每株。日常管理还需注意清理杂草，防治杂草，每年结合剪枝施肥中耕培土一次。防雨棚内种植易发生虫害，注意防治蚜虫、尺蠖、蓟马。

图3-4　母本园竹竿支撑架和地膜防草措施

图3-5　枝条牵引

二、扦插繁殖

1.扦插时期　三角梅扦插全年都可进行，适宜季节为春季2—3月、秋季

9—11月，冬季扦插应在不低于15℃的气温环境下进行。夏季扦插时宜选择当年生的半木质化枝条作为插穗，冬季扦插时宜选择木质化的成熟枝条作为插穗，成活率较高。

**2.环境要求** 三角梅扦插育苗圃，建议分为插穗剪截和扦插苗圃两个区域，插穗剪截区主要用于母本插条插穗的储放、插穗剪截、生根剂处理等，要求防雨、阴凉；扦插最好在防雨、半遮阳、高湿度的环境中进行，温度控制在18 ~ 28℃，夏季时可在防雨薄膜大棚外增加一层75%的外遮阳，同时还可以利用小拱棚以提高环境湿度（图3-6）。配备防雨控温功能的高档大棚，将温度控制在18 ~ 28℃的范围内，可以周年进行扦插繁殖。

图3-6 保湿小拱棚

**3.扦插方式** 扦插方式有苗床扦插（图3-7）和容器扦插两种。苗床扦插的透气性和保湿性较好，扦插成活率高，但生根后需要及时移栽，且在移植过程中容易伤根，影响移植成活率。苗床设置宽度120 ~ 150cm，长度20 ~ 25cm，深度15 ~ 20cm。大规模种苗生产宜采用容器扦插的方法，方便运输，移栽后成活率较高，但由于扦插深度受容器局限，在管理过程中要注意控制空气湿度和基质水分。扦插容器可以选择穴盘、无纺袋、营养杯或营养袋（图3-8至图3-11），并根据不同规格插穗采用相应规格的容器（表3-1）。

图3-7 苗床扦插

图3-8　50孔穴盘椰糠珍珠岩扦插

图3-9　5cm×8cm无纺袋容器扦插

图3-10　10cm×10cm、16cm×16cm营养杯

图3-11 20cm×18cm塑料盆黄心土扦插

**表3-1 扦插容器与插穗对应表**

单位：cm

| 容器规格（直径×高） | 50孔穴盘 | 5.0×8.0 | 10.0×10.0 | 16.0×16.0 | 20.0×20.0 |
|---|---|---|---|---|---|
| 插穗直径 | 0.4~0.8 | 0.8~1.5 | 1.5~2.5 | 2.5~4.0 | 4.0 |

　　**4.扦插基质** 扦插基质要求保水、疏松透气、无病源，常用基质有粗沙、黄土、沙壤土以及椰糠和珍珠岩的混合基质等。粗沙主要用于苗床扦插，保湿和透气性好，但移植时不能保证完好的根团，移栽难度较大，影响成活率，一般适宜于春季移栽。黄心土和沙壤土常用于生产易生根品种，成本低，但运输时重量较重，黄心土和沙壤土装袋前应过筛（图3-12）。椰糠和珍珠岩混合基质质轻、洁净，是优良的扦插基质，最佳比例为2∶1(图3-13)。除粗沙以外，扦插基质不建议重复使用，重复使用时必须消毒。消毒可选择40%甲醛，首先将消毒液配制成200倍溶液，然后均匀地喷施在基质表面，并用塑料薄膜覆盖封闭三至四昼夜，最后将消毒的基质翻拌暴晒2d以上，直至基质甲醛挥发完全后使用。基质消毒也可以用1%高锰酸钾溶液淋灌消毒，1d后清水淋洗后使用。

　　**5.扦插枝条的选择** 扦插枝条要选取生长健壮饱满、硬挺的枝条。适宜的采集时间为秋季10—11月，此时母株枝条生长期结束进入开花期，枝条已经

图3-12　黄心土扦插基质装杯前过筛

图3-13　混合基质的配制

完全成熟为木质化枝条，插穗成活率高。除此外，还可以选择在2—3月新芽萌动之前采集。3月以后，温度回升，新芽萌动，此时采集的插穗成活率降低（图3-14）。夏季扦插时，可选择当年生半木质化枝条。插条剪下后，不宜阳光暴晒，应尽快进行插穗的修剪扦插；不能及时处理的要用湿布或薄膜包裹，并放置在阴凉处存放。

　　**6.插穗的剪截**　剪取插穗前要准备好不同规格的枝剪、手锯等工具，并根据插穗的粗度选择适合的工具。插穗的剪口要求平整光滑，无挤压机械损伤。修剪好的插条要包扎好以利于搬运（图3-15）。三角梅商品化生产要求具有较高的一致性，扦插前需根据生产目的和插穗的粗度进行分级（图3-16）。插穗的粗细常与植株冠幅生长速度成正比，直径越粗，定植后植株的冠幅越大。插穗分级可参考表3-2。

图3-14 正在抽发新芽的枝条不宜作为扦插枝条

图3-15 插条修剪搬运

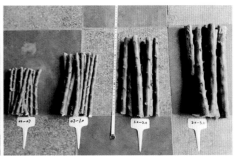

图3-16 插穗剪截分级

表3-2 插穗直径、长度分级与盆栽冠幅对应表

单位：cm

| 项目 | 半木质化 | 半木质化-木质化 | 木质化 | 木质化 | 木桩 |
|---|---|---|---|---|---|
| 插穗直径 | 0.5～0.8 | 0.8～1.5 | 1.5～2.5 | 2.5～4 | 4以上 |
| 插穗长度 | 10～20 | 15～30 | 20～40 | 30～60 | 40以上 |
| 盆栽冠幅 | 15～25 | 25～35 | 35～60 | 60～80 | 80以上 |

**7.插穗的促根处理**　三角梅生根率与品种、温湿度、扦插季节和插穗质量等因素有关。使用生根剂可缩短生根时间、增加根数，有效提高生根率。最适合各三角梅品种的生根剂类型和浓度各不相同，大规模扦插前需进行筛选试验。生产中常用300mg/L的吲哚丁酸进行浸泡处理（图3-17），浸泡深度为插穗基部的2～3cm，浸泡时间1～3h。也可以将500mg/L的吲哚丁酸或400mg/L的萘乙酸溶液与土壤混合成泥状物后进行蘸取处理（图3-18）。

图3-17　生根剂浸泡处理

图3-18　生根剂泥浆蘸取处理

**8.扦插**　扦插前要提前做好准备工作，比如：基质消毒或翻拌，并装入容器，并在扦插前1～2d采用喷洒的方式浇透基质，保证基质不紧实，以令插穗易于插入基质，不易损伤皮层。生产中主要采用直插的方法进行扦插，苗床扦插深度为插穗的1/3～1/2，采用容器扦插时一般插入容器的2/3处。扦插完成后要浇透水，使基质与插穗贴合，并搭建小拱棚，进行保湿处理（图3-19）。

**9.扦插后管理**　三角梅扦插后要做好水分的管理，小拱棚要密封，保

图3-19　搭建小拱棚

证空气湿度在85%以上，基质水分要控制在湿润不积水的状态。当发现基质表面稍有泛白，需及时揭开薄膜洒水。三角梅扦插的适宜温度为18～28℃，温度在25℃左右时，一般25d开始生根。当外界气温高于30℃时需打开拱棚薄膜进行通风换气，当温度低于18℃时，需采取保温措施。扦插50～60d插穗生根后，可结合枝条修剪，在阴天收起遮光网，逐步让扦插苗接受全光照练苗，可促进植株生长健壮。插穗生根后应适时进行移栽，若不能及时移栽需对种苗进行修剪，并将新枝控制在2～3个节以内，防止种苗因光照不足而死亡

（图3-20、图3-21）。生根后扦插苗的水分管理要遵循间干间湿的浇水原则，基质久湿不干容易造成新根腐烂，甚至造成植株死亡（图3-22）。

图3-20　扦插苗修剪前

图3-21　扦插苗修剪后

10. **出圃**　扦插苗出圃前，要进行修剪打顶，每个枝条留2～3个节即可，同时要控制基质至半干，有利于换盆时扦插苗脱杯移栽，不易散团。远途运输要避免基质过湿积水，否则易造成捂苗落叶。

11. **包装运输**　三角梅根系非常脆弱，运输过程中基质容易散团并导致根系受损。远途运输的种苗宜采用泡沫箱或木箱（木框）包装运输（图

图3-22　扦插基质水分过多造成插穗死亡

3-23至图3-25），其中木箱的透气性更佳，装箱时要注意摆放紧实，防止根部松动。长途运输适宜温度为18～28℃，运输时间不宜超过4d。

图3-23　用泡沫箱包装无纺袋苗

图3-24　用泡沫箱包装苗床扦插裸根苗

图3-25　木框包装（物流货运）

# 第二节　嫁接繁殖

三角梅嫁接繁殖主要用于三个方面：一是繁殖新引进的珍稀品种。当新品种引进时，数量较少，将其嫁接在1年生或多年生的根系发达的砧木上可以快速大量繁殖枝条。二是繁殖适应性差的品种。将其嫁接在适应本地环境生长的健壮品种的砧木上，以改良并提升植株的抗性。三是用于改良植株树形和花色。如雀类三角梅，植株无主干、枝条柔细、枝条低垂匍匐，在三角梅老桩上嫁接，可以形成小乔木状，大大缩短花色三角梅盆栽的生产周期，并且可以打造出一树多花五彩缤纷的盆景造型。

三角梅嫁接常用方法主要有插皮接、劈接、切接法和皮下腹接法。插皮接法主要用于截口较大的砧木。接穗插入砧木树皮与木质部的形成层处，要求树皮与木质部能分离。此法适合在三角梅生长季节，且接穗生长健壮时进行，嫁接速度快，成活率高，但成活后植株容易被风刮断，后期养护要注意绑上支柱支撑。劈接法常在大砧木上使用。首先用劈刀在砧木横截面上劈一个口，然后将接穗插入劈口。此种方法嫁接接口牢固，成活率高。切接法常用于小砧木。用嫁接刀在砧木截口上切一个切口，将直径相当的接穗插入切口中。此法嫁接速度快，成活率高，成活后不易被风吹断。劈接和切接法要求砧木不离皮，在环境条件适合情况下一年四季都可进行。皮下腹接法主要用于三角梅树桩缺枝部位的补枝嫁接，将接穗插入砧木枝条中部皮下，增加冠幅的内堂枝，常在早春开始嫁接工作。

## 一、嫁接的时间

除冬季（12—2月）外，其他季节均可嫁接，但不同季节嫁接的方法不同，成活率也有所差异，需要采取相应的养护措施。三角梅嫁接适宜的温度为20～25℃，春季（3—4月）为嫁接最佳季节，这个季节温度适宜，雨水少。此时，砧木树液开始流动，接穗未萌发新芽，营养充沛，砧木没有离皮，适合使用劈接、切接和皮下腹接等方法，愈伤组织容易形成和生长，成活率高，生长快。

秋季（10—11月）气温适宜，雨水少，三角梅进入开花季节，成活率高，但后期营养生长较慢，要第二年才能生长冠幅。4—9月是三角梅生长季节，砧木离皮，适合皮接、切接和劈接。这个季节嫁接容易遇到高温和连续下雨，插穗会因蒸腾速率高而干枯或者接口感染腐烂。嫁接时，应做好防雨和遮阳降温设施配备，或选择晴朗无风的天气。

## 二、嫁接的工具和用品

嫁接工作开始前应准备好所需的工具和用品，包括嫁接工具、保湿材料、绑带等。嫁接工具包括手锯、修枝剪、剪刀、劈接刀、芽接刀等（图3-26），刀口锋利可提高成活率。保湿材料，如湿布主要用于接穗枝条采集和嫁接过程中接穗的包裹和保湿，防止接穗失水过多。绑捆材料包括塑料绑带、塑料套袋和纸套袋，塑料绑带宜选择伸缩性弹性好、不易拉断、自粘性好的材料。塑料套袋用于接口保湿，纸袋可用于遮挡阳光。

图3-26　常用三角梅嫁接工具

## 三、砧木和接穗的选取

1.砧木的选择　选择当地适应性好的品种，要求品种抗性好，根系发达、生长健壮、生长快，具有耐涝或耐寒等品种特性。嫁接时与接穗品种亲和性好的品种，需要在生产实践中筛选。目前主要作为砧木的品种有大红、小叶紫、塔红、重瓣红、重瓣橙、加州黄金等，云南贵州本地的云南紫也适合做砧木。用于嫁接的砧木要求嫁接前生长健壮，营养充沛，这样嫁接后成活率高。

2.接穗的选择　接穗宜选自生长健壮、饱满、无病虫害1年生枝条，老化枝条或植株下部的阴生枝不宜做接穗，萌发众多新芽的枝条不宜采用（图3-27）。品种、嫁接季节、嫁接方法、接穗成熟度均会对成活率有影响。一般来说，夏季宜选择半木质化和嫩枝作为接穗，并选择与砧木直径和成熟度相仿的枝条，嫁接时注意防雨和遮阴。红心樱花、金心双色等半木质化枝条髓部中空的品种，嫁接时宜选择木质化枝条或嫩枝作为接穗。接穗剪取应随采随接，如果要放置或储运1～7d，必须用清水浸泡，或用草纸包裹，并密封于塑料袋中保湿冷藏。

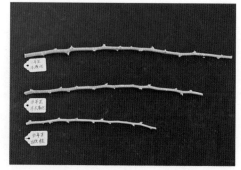

图3-27 木质化程度不同的枝条

## 四、嫁接操作技术要领

嫁接工作是一系列流程化操作，要求动作熟练、快速准确，尽量缩短砧木切口和接穗削面在空气中的暴露时间，降低水分蒸发和伤口感染的风险。首先要做好准备工作，每次嫁接都要磨刀，保证嫁接刀刀口锋利清洁，以提高切削速度及切削面的平滑度。同时，其他嫁接工具、用品和接穗也要提前准备好，并根据工作流程按顺序摆放，可大大缩短整个嫁接流程完成的时间。嫁接时要"一削成形"，要求砧木和接穗的削面平整光滑，贴合紧密，尽量增加接触面积，以利接穗和砧木的愈合。同时，要注意接穗的形成层与砧木的形成层对齐紧贴，绑扎要紧实，使接口处密封不渗水，可有效防止切口和接穗腐烂。

## 五、嫁接方法

1.劈接　选择多年生三角梅树桩作为砧木，在树皮通直无刺处用剪刀或手锯将砧木截断，在砧木中间切一切口，大砧木可使用劈刀，用木槌往下敲，小砧木用嫁接刀纵切劈口，开口长2～3cm。插穗选取1年生木质化成熟枝条，接穗上部留2～3个芽，长度5～6cm，下部相对面各削一刀，形成楔形，伤口长约3～4cm，削面要长而平，角度要合适。用刀片将劈口撬开，把接穗插入劈口的一边，使接穗外侧的形成层和砧木形成层对准，对于接口大的砧木，劈口两边可以各插1个接穗，插入接穗后可抹泥将劈口中间封堵住，再封口。对于粗细相当的砧木和接穗，最好两边的形成层都能对准。接穗若不能完全插入劈口中，要露白0.5～1.0cm，以利于双方愈合口平滑，不然成活后接口处会形成一个大疙瘩，影响后期营养供应。接穗插入后根据砧木粗度，用长约30～50cm、宽为接口直径1.5倍的塑料绑带将接口及伤口部分捆严绑紧，然后用塑料袋将嫁接部位枝条套起来保湿。见图3-28。

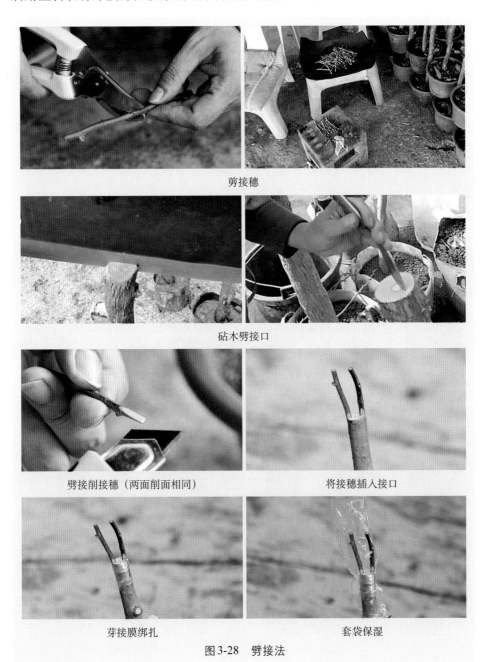

剪接穗

砧木劈接口

劈接削接穗（两面削面相同）　　　　将接穗插入接口

芽接膜绑扎　　　　　　　套袋保湿

图3-28　劈接法

2.切接　选择1～2年生枝条作为砧木，当接穗粗度和砧木相差不大时，在砧木树皮通直无刺处用剪刀截断，在砧木接口偏一侧切一切口进行嫁接；当接穗较粗时，切口偏中间；当接穗较细时，切口偏外侧，力求接穗与砧木形成层两边都能对齐；砧木开口长2～3cm。接穗上部留2～3个芽，下部选择光滑平整的一面削一个长3～4cm的大削面，削至髓部，再在背面削一个长3～4cm削面，对称形成楔形，削面要长而平，角度与砧木相对应，使接口处砧木和接穗形成层上下紧密相接。用刀片将劈口撬开，把接穗插入劈口，长削面靠砧木内侧，对准双方的形成层，两边的形成层都能对准最佳。接合时不能完全插入劈口中，要露白0.5～1.0cm，以利于双方愈合口平滑，不然形成层对接不紧密，成活后接口处会形成一个"大疙瘩"，影响后期营养供应。接后用长约30cm、宽为接口直径1.5倍的塑料条捆严绑紧，要求将切口、伤口露出部分及接穗全部包扎紧密即可。如果接穗为嫩枝，需要套塑料袋保湿，高温天气要套纸袋遮阳（图3-29）。

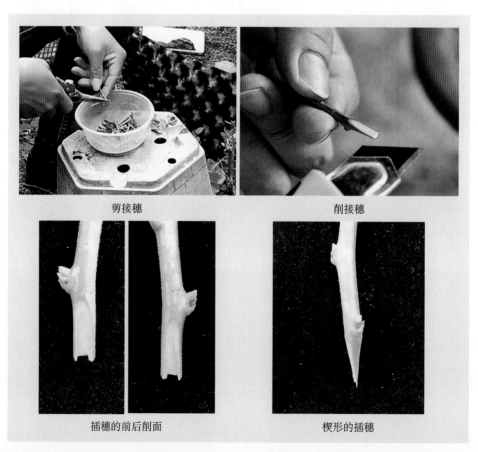

剪接穗　　　　　　　　　　　　　削接穗

插穗的前后削面　　　　　　　　　楔形的插穗

砧木切接口　　　　　　　　　插入接穗

绑扎薄膜　　　　　　　　　砧木嫩枝切接

图3-29　切接法

3.插皮接　选择多年生三角梅树桩做砧木，在树皮通直无刺处用剪刀或手锯将砧木截断，高接时砧木接口直径一般在2～4cm为宜，锯口削平，要求截口平滑无撕裂。接穗选择生长旺盛、无病虫害、向阳生长的中上部位半木质化枝条，要求节间短，粗度适宜，芽饱满，上端留2～3个芽，长度5～8cm。嫁接前先处理接穗，在接穗下端芽的背面削一个3～5cm的长削面，刀深至木质部1/2处，而后向前斜削到先端，再在削面的对立面削0.4～0.7cm的小削面。砧木的处理：用手锯去除嫁接处的茎上部分，利刀将砧木表面修理光滑，然后在树皮光滑处纵划一刀，划破皮层深至木质部，长度略短于接穗长削面，接着用刀尖将树皮两边挑开皮层，将接穗长短削面两侧各轻削一刀，约2.5cm，使结合端变尖，将长削面向内，小削面对准砧木切口，操作时需用手指按住切口下方的皮层组织，防止接穗插入时皮层裂缝加大。插穗接入的深度以砧木皮层将接穗削面基本包住为宜，插入接穗时应留约0.3cm的伤口面在接口之上，露白有利于愈合良好。接好后用长30～40cm、宽为2～3cm的塑料绑带将接口捆紧绑严，不露出伤口面，绑扎时应将接穗也包扎起来。如果是多个接穗，也可以不用包扎，直接套塑料袋保湿即可（图3-30）。

去除嫁接点以上枝条　　　　　　切面处理光滑

纵切树皮　　　　　　两边轻轻松动树皮

皮接削接穗（左：大削面，右：小削面）

插入接穗

插入3个接穗　　　　　绑 扎　　　　　套袋保湿

图3-30　插皮接方法

　　4.皮下腹接　　在砧木光秃需要补充枝条的部位，选择光滑无刺节和疤痕处，横竖各切一刀，呈"T"形口，深至木质部，在"T"形口的上方削一个半圆形的斜面，以便接穗顺斜面插入树皮内。选取1～2年生、饱满健壮的木质化枝条作为接穗，最好用稍微弯的枝条，接穗留芽2～3个，也可以多留芽，使之嫁接成活后多长内膛枝。在其弯曲部位外侧削一个马耳形斜面，斜面要长约5cm；用刀尖撬开砧木皮层，将接穗插入"T"形嫁接口，从上而下地将马耳形伤口全部插入砧木皮内形成层处，不露白，然后用宽约4cm塑料带将接口捆紧绑严。由于砧木较粗所以包扎时要用较长塑料条，要把"T"形嫁接口包严。如果砧木过粗，包严接口比较困难，可以采用伤口涂膜剂将伤口堵住，以防水分蒸发和雨水浸入（图3-31）。

在茎干腹部切一个"T"形切口

大削面

小削面

插入接穗

绑扎严密

图3-31　皮下腹接

## 六、嫁接后的养护管理

三角梅嫁接后养护管理很重要，不仅是嫁接后成活的保障，成活后如养护管理不善，后期接穗会生长不良甚至死亡，造成砧木损失。

**1.光照和温度管理** 三角梅嫁接2周内要防止高温、防雨和防止阳光暴晒（图3-32）。夏季高温季节嫁接，应将嫁接桩放到荫蔽的场所进行养护，可以采用75%的遮光网进行防护。30d后，接穗开始生长，应逐渐撤掉遮光网或将嫁接桩移到全光照环境管理。

图3-32 露地嫁接可套纸袋或薄膜袋防雨防晒

**2.水肥管理** 三角梅嫁接后1个月内，要注意水分的管理，不可过湿或者过干，每次浇水量应是平时的1/3。土壤过湿时，嫁接桩会因为树液水分过多而导致接口处向外"吐水"，易造成接口感染腐烂。若土壤过干，嫁接桩活力下降会导致伤口不愈合。当遇到连续下雨的天气，应将嫁接桩放置到防雨设施下进行养护，或者用塑料薄膜进行防雨处理。待接穗成活萌芽后，可以进行正常浇水、施肥管理。

**3.除蘖芽** 三角梅砧木蘖芽萌发很快，而且数量多，蘖芽的生长会消耗砧木的大量养分，影响接穗的愈合，还有可能导致接穗愈合后，萌芽由于营养竞争而生长缓慢或被蘖芽遮蔽而萎缩死亡。当蘖芽在3~5cm长时就要抹除，此时蘖芽还没有木质化，直接用手即可抹除，而且要抹除得比较彻底（图3-33）。当蘖芽长长后再抹除，留下的截口会长出新的蘖芽，从而增加工作量。一般嫁接后每间隔5~7d需要除蘖芽一次，在接穗成活前要抹除蘖芽4~5次，接穗成活以后，蘖芽会逐渐减少，直到接穗生长旺盛，蘖芽才会停止生长。

**4.补接** 三角梅嫁接大约30d后成活，这时可以对嫁接苗进行检查，嫁接不成功的植株，可以挑选出来集中进行重新嫁接。

**5.解绑** 嫁接后要根据接穗生长

图3-33 接穗新芽与砧木蘖芽同时抽出，需及时抹除蘖芽

情况及时解绑，由于嫁接用的塑料绑条有弹性，为了接穗保湿效果好，采用的是全封闭式捆绑，绑得较紧，这种塑料绑条抗老化效果较好，不会自行降解松开，接穗萌芽不能自行穿出薄膜，成活后会制约砧木和接穗茎干的生长，在接口处形成缢口，接穗很容易折损。一般嫁接后2～3周接穗开始抽芽，就要用刀尖将芽眼处薄膜挑破。挑破薄膜是一个非常细致的工作，要注意不要伤及芽眼和松动接穗。待接穗抽芽长到5cm左右时，可以将接口上部的薄膜打开，再过7～10d，待接穗生长正常后，就可以将接口处薄膜全部解开，进行正常的生产管理。

6.修剪与支撑　刚刚嫁接成活的接穗接口还比较脆弱，容易受风折断，当接穗新芽长到30cm左右时，留2～3个叶节后及时修剪，可促进接穗分枝和增粗。当新枝再次长到30cm时，进行第二次修剪。经过2～3次修剪后，接穗生长旺盛，接口就不容易折损了。采用插皮接方法嫁接的接穗，在接口没有密合前，需要用竹竿支撑接穗新芽。

# ◆ 第三节　压条繁殖

压条繁殖是把母株上的枝条压入土中或用泥炭土、椰糠等保湿基质包裹，形成不定根，然后再将不定根以上的枝条与母株分离，形成一株独立新植株的繁殖方法。用于压条的枝条在未发根之前，能获得母体的养分供给，所以发根成活率高。这种方法的优点是成活率高，并能保存母本的优良特性；缺点是繁殖系数低，操作起来工作量大，大量繁殖效率低。高压繁殖在三角梅中主要用于繁殖扦插不易成活的优稀品种，或是在扦插不易生根的冬季时使用。在繁殖茎干粗大不易成活的三角梅木桩、截取造型盆景树桩时也可以选择这种繁殖方法。

为了促进枝条生根，枝条包裹部位需要进行刻伤或环剥处理，以中断来自叶和枝条上端的有机物如糖、生长素和其他物质向下输导，使这些物质积聚在处理点的上部，供生根时利用。在环剥部位涂生根类生长素也可促进生根，原理与扦插生根采用生根剂处理原理相同。刻伤或环剥的处理长度为枝条直径的1.5～2倍。5—8月三角梅生长旺盛季节进行环剥处理比较容易离皮。其他不容易离皮的季节，可选择环割处理，环割至木质部形成层的位置即可。

三角梅压条繁殖的方法分为低压法和高压法，低压法主要用于垂枝型品种（图3-34）。此类品种枝条较细且柔软。具体操作如下：在枝条下方地面挖深度为10～15cm的种植槽，然后将压条部位靠地面下部刻伤，弯曲枝条，用铁丝弯钩或石块将刻伤部位固定于挖好的种植槽内，盖上5～10cm泥土，压实，并保持土壤湿润。高压法主要用于直立型和平展型品种（图3-35）。此类品种枝条硬、粗，不易弯曲。高空压条时需在刻伤部位用塑料薄膜或高压包包裹刻伤部位，并在薄膜和高压包内填充泥土、椰糠或水苔等保湿基质。包扎时应在塑料薄膜包的上口保留2～3cm高度，使其形成一个漏斗状的积水窝，以利于高压养护期间补充水分。也可以采用市场销售的高压包进行包裹，使用方便快捷，可以重复使用，但要根据高压枝条的茎粗采购对应的高压包（图3-36、图3-37）。高压后养护应注意保持高压包基质湿润，间隔7～15d要沿高压包上部的漏斗补充一次水分。三角梅高压1～1.5个月，当根布满高压包时，即可在高压包下部剪截枝条，进行定植。

图3-34　低压繁殖

图3-35　高压环剥刻伤枝条韧皮部

图 3-36　薄膜高压包　　　　　　　　　　　图 3-37　专用塑料高压包

# 第四节　组织培养技术

　　组织培养技术可在短时间获得基因型一致的大量优质苗木，早在1978年查图尔维迪等就已开始了三角梅组织培养技术的研究，利用茎段作为外植体并成功获得光叶紫花 *B. glabra* 'magnifica' 组培苗，移植在大田后实现正常开花。我国最早关于三角梅组织培养技术方面的研究是在1983年，当时谭文澄等人利用侧芽作为外植体进行尝试。随着三角梅热度的升高，近年来众多学者都相继开展相关的研究，但目前仍然存在生根率低、玻璃化严重、分化较难等问题，组织培养繁育出的种苗也十分鲜见。

　　目前常采用的外植体有叶片、茎段、顶芽、侧芽等。据报道，在叶片或茎段诱导愈伤组织途径中，需要先诱导出愈伤组织，再进行分化、增殖和生根等过程，三角梅的月增殖系数一般为5～8，最高的也可以达到10。但是通过愈伤组织途径诱导出来的幼苗比较纤弱，成活率较低。而茎段直接诱导丛生芽途径增殖系数虽然仅为3～5，但是种苗健壮，不易发生无性系繁殖变异的现象，所以外植体应优选茎段，且以1年生的茎段最佳。孙利娜等人对三角梅不同外植体的消毒和诱导做了较为详细的研究，均采用75%酒精灭菌25～35s，再用0.1%氯化汞消毒7～11min，消毒效果较好的外植体是半木质化茎段，其次是幼嫩茎段、叶柄，再其次是叶片、苞片、花和顶芽。用MS+2.0 mg/L 6-BA+1.0 mg/L NAA（萘乙酸）的诱导培养基进行诱导，从不同外植体愈伤组织诱导率上看，也是半木质化的茎段诱导率最高，为90.6%。幼嫩茎段、叶片、叶柄分别为75%、62.5%和12.5%。

三角梅对激素的敏感程度受到不同基因型的影响，有的品种较为敏感。杜霍基和阿尔米佐尼的研究结果表明，杂交种组织培养要比原生种组织培养更容易成功，无论是愈伤组织的诱导、不定芽的分化还是生根都表现出了较大的优势。在张小红等人的研究中认为红色系列品种和紫色系列品种对激素的敏感性不同，红色系列品种最适的培养基为MS+1.0 mg/L BA+0.4 mg/L NAA，红色品种的最适培养基为MS+2.0 mg/L BA+1.0 mg/L NAA。Chaturvedi和周俊辉等人报道，最佳的增殖培养基为改良的MS+0.5 mg/L BA+1.5 mg/L NAA，也有学者认为最佳的增殖培养基为MS+ 1.0 mg/L BA+ 0.2 mg/L NAA。

三角梅幼苗的生根率较低，在 *B. glabra* 和 *B. spectabilis* 生根试验中证明，较低浓度的MS培养基有助于不定根的发生，并以1/4MS为优。激素方面，NAA对生根有着极显著影响，0.05mg/L浓度下的生根率最高、根数最多，高浓度NAA反而对生根产生抑制作用。一定浓度的活性炭对植株的生根有利，但是浓度过高时反而不利，在生根培养基中添加0.5%活性炭可明显促进根的诱导和生长。

组培苗移栽是能否实现工厂化育苗的关键。移栽基质采用疏松透气的腐殖土，移栽成活率在96%以上。移植后，注意将种苗置于半阴环境中，每天均需打开地膜进行通风30min以上。15d后，即可移至阳光充足的环境中正常管理。为降低育苗成本，有人开始尝试将组培技术和微扦插技术相结合，以寻找并建立一种更有效的工厂化育苗体系。

# 三角梅优质盆栽生产栽培技术

## 第一节　种植圃的生产条件建设

三角梅生长习性方面虽抗逆强、生长粗放、环境适应性强，但作为商品盆栽生产时，需要提供适宜的生长环境，才能保证生产出冠幅丰满、开花整齐、花多色艳的优质产品，并做到周年供应。

### 一、场地的选择

三角梅性喜充足光照，忌涝。生产场地应选择水电便利、阳光充沛、地势开阔的平坦或缓坡地，坡地可根据地形平整为梯田平台进行种植，以利于盆栽的摆放和排水。

### 二、设施要求

1.**功能分区和道路规划**　对三角梅种植圃进行合理规划有利于提高生产效率。在种植圃建设前可根据"基质配制—种植装盆—定植摆放—生产管理—出圃装车"的生产流程进行合理布局，三角梅种植圃分为生产资料仓储区、基质配制装盆区、盆栽种植区和出圃装车区。主道路与种植圃外道路相连接，并根据生产分区进行支路设置。支路的设置以田间生产物质搬运距离不超过25m为基础，间隔50m设置一条，支路连接田间与主路。

2.**防雨设施大棚**　防雨设施大棚是生产优质三角梅盆栽的主要条件（图4-1至图4-3）。三角梅适应性强，但忌涝。在露地生长时，连续下雨天气会导致基质积水，从而使三角梅植株因毛细根腐烂而造成植株间歇性落叶，进而影响植株长势（图4-4）。三角梅自然花期集中在10月至翌年5月，在南方5—10月为雨季，露地栽培难以调控花期，无法满足"五一""十一"或元旦等节日用花。要实现周年供应，就需要在防雨设施中进行花期促控栽培。在南方，可根据资金条件选择连栋钢管架薄膜大棚或简易薄膜棚。小拱棚和单栋大棚等简易薄膜棚造价低，大棚肩高1～8m，拱高1.5～2.5m，跨度为3～8m，适合种苗繁育和小型盆花生产。连栋大拱棚造价高，主要用于生产大型盆栽。

图4-1 连栋钢管架薄膜大棚

图4-2 简易连栋薄膜棚

图4-3 简易单栋薄膜棚

图4-4 露地种植三角梅雨季严重落叶

3.喷灌设施与排水沟 喷灌设施和排水沟应根据道路规划及地形情况来布置，沿主路布置主供水管道，支供水管沿支路进入田间，田间安装喷灌设施。喷灌设施采用直立式喷灌或悬挂式喷灌，喷头采用出水量较大的喷头，注意选择不易堵塞的喷径。排水沟分为三级，田间设置畦沟，将水排到支排水沟，由支排水沟引入主排水沟，主排水沟沿道路排出种植圃（图4-5、图4-6）。

图4-5　立式喷灌设施　　　　　　　　图4-6　悬挂式喷灌设施

### 三、花盆的选择

三角梅盆栽花盆规格以最小化原则选择。为使植株生长健壮、开花繁茂，选择大小适宜的花盆。花盆大小关系到基质用量的多少，同时要考虑到与产品冠幅比例协调、美观，另外还可以从基质用量和运输空间中降低生产成本。选购花盆时应选择底部有排水槽的容器为佳（图4-7）。根据生产经验总结，常用花盆规格选择如表4-1所示。

图4-7　底部有凹槽的花盆

表4-1　扦插苗规格及适用花盆规格表

| 扦插苗规格（直径：cm） | 花盆规格（直径×高度：mm） | 花盆基质容量（L） |
| --- | --- | --- |
| 0.5~0.8 | 120×120 | 0.5 |
| 0.8~1.5 | 160×140 | 1.2 |
| 1.5~2.5 | 200×180 | 2.4 |
| 2.5~3.5 | 230×216 | 7.0 |

（续）

| 扦插苗规格（直径：cm） | 花盆规格（直径×高度：mm） | 花盆基质容量（L） |
|---|---|---|
| 3.5～4.5 | 250×230 | 10.0 |
| 4.5～6.0 | 300×250 | 15.0 |
| 6.0～8.0 | 350×300 | 25.0 |
| 8.0以上 | 400×350 | 35.0 |

## 四、基质配制

三角梅种植基质要求富含有机质，既可固定植株，又可疏松透水、保水保肥。基质最好具有一定的黏度，在半干时可以成团，防止在浇水或运输时出现土团松动伤及根部。pH要在5.5～7.0范围内，EC≤1.5mS/cm，pH过高，容易造成植株缺铁或缺锰等微量元素，pH过低容易造成植株缺镁元素。传统种植常使用沙壤土：腐熟鸡粪=10：1的混合基质，经济易得。当远距离运输时，要考虑盆栽的搬运轻便、汽车运输的载重问题，无土栽培基质更受市场欢迎。无土栽培基质最佳比例为泥炭土：珍珠岩（蛭石）=1：0或2：1。此种基质可以培养出良好的根系，但当盆土缺水时，盆栽遇风易倒伏，并且在管理和搬运中容易造成植株根茎部松动损伤根部。综合以上因素，三角梅栽培基质可根据实际情况进行利用园土、泥炭土、珍珠岩、蛭石、膨化鸡粪来配制。配制比例推荐以下几种：园土：泥炭土：膨化鸡粪为1：1：0.2或2：1：0.3；园土：泥炭土：珍珠岩（蛭石）：膨化鸡粪为2：1：1：0.4或1：1：1：0.3(图4-8)。

图4-8 不同比例基质种植情况

左图：泥炭土（粒径5～30mm）：珍珠岩（粒径3～5mm）=2：1
右图：泥炭土（粒径5～30mm）：园土：珍珠岩（粒径3～5mm）=1：1：1

## 第二节　装盆与苗期养护

　　除12月、1月外，其余季节都可进行三角梅装盆换盆。冬季装盆，温度低，植株萌发慢，容易死亡。3—4月装盆定植最佳，可以当年完成造型并开花。生产者可以根据供应市场的时间，合理安排装盆时间。

　　装盆前要做好准备工作，将基质配制好备用，扦插苗出圃时要修剪，每个枝条留2～3节，可以减少断根后水分蒸发，促进植株定植后萌芽粗壮（图4-9）。三角梅根系茎干连接处非常脆弱，根茎连接处松动，容易造成根系脱落，换盆时取苗动作要轻。苗床扦插苗取苗时要用苗铲挖，不能用手直接拔苗，而且要随挖随种（图4-10）。容器扦插苗脱袋时要注意基质不能散团。装盆时，要先在盆底放入1/5～1/3的基质，再放入扦插苗，扦插苗不能放置得过浅或过深，以根茎处低于花盆边沿水平线3～5cm为宜，然后沿盆四周加入基质，基质高度以略高于花盆边沿水平线为基准，最后提盆将基质夯实。

图4-9　扦插苗出圃装盆修剪

（左图：修剪前　右图：修剪后）

图4-10　装盆步骤

三角梅盆栽的摆放密度要根据扦插苗规格、出圃规格来决定，过密会影响盆栽冠幅生长，不利于日常修剪、施肥等工作；过疏时盆栽封行时间长，裸露地面过大，会影响三角梅生长环境，使得温度过高，并且浪费设施空间。三角梅盆栽摆放株行距如表4-2所示。盆栽摆放好后要及时浇定根水，第一次浇定根水要人工浇灌，使基质与根部紧密结合。浇水时要调好水压，沿盆边围绕浇注，防止冲刷基质，基质定根水要浇透，需重复2～3次。植株定植后要用60%的遮阳网遮阳15～20d，提高移栽成活率（图4-11）。

图4-11　装盆定植遮阳养护

**表4-2　三角梅盆栽摆放株行距**

| 扦插苗规格（直径：cm） | 花盆规格（直径×高度：mm） | 株行距（cm） |
| --- | --- | --- |
| 0.5～0.8 | 120×120 | 20×20 |
| 0.8～1.5 | 160×140 | 25×25 |
| 1.5～2.5 | 200×180 | 35×35 |
| 2.5～3.5 | 230×210 | 45×60 |
| 3.5～4.5 | 250×230 | 60×80 |

（续）

| 扦插苗规格（直径：cm） | 花盆规格（直径×高度：mm） | 株行距（cm） |
|---|---|---|
| 4.5～6.0 | 300×280 | 80×100 |
| 6.0～8.0 | 350×300 | 100×120 |
| 8.0以上 | 400×350 | 120×120以上 |

# 第三节　田间管理

## 一、水分的管理

科学的水分管理是优质盆栽生长快、开花繁茂的重要环节。三角梅根系不耐涝，基质持水量达到饱和连续2～3d，毛细根就会死亡，造成植株落叶落花，甚至死亡（图4-12）。开花期水分过多时，会造成植株营养枝过旺，而开花少甚至不开花。当然，植株长期水分不足又会造成植株生长不良。三角梅水分管理的原则是"间干间湿，不干不浇，浇则浇透"。不同生长期植株控水的程度不同，要在生产中不断观察总结。条件允许的话最好采用自动喷灌设施浇水，节省劳动力，并且基质逐渐吸水湿润，基质易浇透不板结。

图4-12　雨季露地种植三角梅盆栽积水叶片脱落

刚刚上盆的三角梅要促进根部生长，基质水分要干一些，诱导根部向盆底部延伸生长，一般待基质水分五成干时再浇水。在夏季高温季节，正处于营养生长期的盆栽，主要是培养植株冠幅，水分要供应充足，一般盆土三四成干时，就要浇一次透水，否则高温干旱会使植株落叶、枝条生长细弱。秋冬季，当盆栽植株生长枝繁叶茂，进入开花期时，要控制水分，带盆栽叶片缺水软垂时，基质六七成干再浇水，浇水量是平时的1/3～1/2，如此反复约3～4周，即可见花芽抽出，此时就要开始进行正常水肥管理，使花芽正常发育，待植株进入花期以后，要注意基质水分供给，一般见基质表面以下2～3cm发白，即可浇水，基质连续水分饱和容易造成花朵脱落。

　　三角梅浇水作业应注意天气情况，夏季高温生长季节，需充分保证水分的供应，温度高于33℃时，浇水时间应在早上10：00以前和下午4：00以后，冬季浇水要注意寒流天气，如遇这类天气应控制水分供应，当温度低于15℃时，不浇水，保持盆土处于稍干状态，以提高植株的抗寒能力，冬季浇水时间应在早上9：00以后和下午4：30以前。

## 二、光照管理

　　三角梅为全光照植物。阳光充沛，植株枝条健壮紧凑、花朵艳丽、花期长；阳光不足，枝条细弱徒长、开花稀少、颜色浅淡、花期短。在防雨设施栽培条件下，需要定期维护和清洗薄膜，保证棚内光照充足。

## 三、温度管理

　　三角梅喜温暖，不耐寒。生长适温为18～33℃，在15～35℃情况下，能够正常开花。若温度高于35℃，夜温高于26℃，三角梅植株呼吸作用过强，养分积累少，易徒长，开花受抑制，所以大部分品种在夏季不会开花，少部分对高温不敏感的品种可以周年开花。在生产管理过程中，遇高温天气，要注意及时浇水，打开大棚四周薄膜进行通风降温，防止因高温而影响植株生长，夏季供应盆花的生产要注意品种的选择。当温度低于7℃时，大部分三角梅品种开始出现不同程度寒害，叶片、苞片萎蔫下垂；低于3℃时，三角梅出现寒害症状，叶片开始脱落；三角梅寒害致死温度为−3℃，在生产管理过程中，冬季要做好寒害预防工作，寒害来临前，提前做好基质控水，寒流到来前及时做好大棚覆膜保温工作。从品种上来看，雀类三角梅品种最不耐寒，当温度降至12℃时，就开始出现叶片萎蔫，温度降至8℃时就开始脱落（图4-13）。较耐寒的品种有小叶紫、安格斯、金心双色、银边叶白、塔紫，可以耐受短时3℃的低温。

图4-13　红雀三角梅低温落叶

## 四、施肥管理

　　三角梅生长快，开花繁茂，喜肥。三角梅施肥主要以有机肥为主，配合施用复合肥，施用有机肥的三角梅生长健壮、养分均衡。有机肥主要有膨化鸡粪、厩肥、花生饼、菜籽饼、茶籽饼、豆饼等，复合肥主要有15：15：15的均衡肥、磷酸二氢钾、硝酸钾等。膨化鸡粪主要作为基肥配入基质中，厩肥与饼肥可腐熟成肥水与复合肥配成液肥后做追肥施用。在日常管理中，当盆栽定植约10～20d后，植株开始生长即可开始施肥。4—7月为生长期，植株生长快，主要是培养盆栽冠幅，施肥以氮、钾肥为主，有机肥主要以氮素和微量元素为主，薄肥勤施，可选择0.1%～0.2%复合肥（15：15：15）+腐熟有机肥水10～100倍液施用，每隔7～10d施1次。7月下旬植株冠幅丰满，进入促花栽培阶段，为了促使花蕾的孕育，以施磷、钾肥为主，可选择0.05%～0.1%磷酸二氢钾+腐熟有机肥水10～100倍液，每10～15d施肥1次。植株进入开花期后不用施肥。

### 五、修剪

三角梅花芽主要从植株枝条外层的中部和顶部抽生，通过修剪，可培养冠幅和促进开花繁茂。一般新上盆植株，当萌芽长到15～30cm时，即可进行修剪。每个枝条留3～6个叶节，剪去枝条的1/3～1/2，促进侧芽生长，当侧芽长到15～30cm时进行第二次修剪，如此反复2～4次，盆栽冠幅丰满，即可进行控水促花栽培。在控水前1～2周进行最后一次修剪，对枝条进行短截，剪除生长到冠幅以外的徒长枝，剪去冠幅枝条的1/5～1/3，促进侧枝萌发开花枝。

## 第四节　花期控制

三角梅自然花期为10—12月和2—4月。根据市场需求，实现周年开花或供应节日使用，为了让三角梅应时开放，需要对植株进行花期控制栽培。促进三角梅盆栽开花的方法主要有控水促花和化学促花。

### 一、控水促花

控水是三角梅促花的主要方法。应选择冠幅丰满、枝条壮实、营养充足的植株进行促花处理，控水促花时间应在需要盛花时间前50～60d开始。当植株叶片出现轻微萎蔫时，给予少量补水（图4-14），浇水量为日常水量的1/3～1/2，反复2～3次，持续3～4周，使植株的顶端生长停顿，养分聚积，以促进花芽分化。当枝梢顶部出现花芽抽出时，就可以进入正常水肥管理。

需要控制在"十一"国庆期间开花的植株，应在7月底结合修剪进行移盆断根1次，小叶紫8月初开始控水，水红三角梅8月中旬开始控水，反复3～5次，4～7周后恢复正常养护，每隔1周施叶面肥1次，开花前30d摘除提前开花的花蕾。处理后的植株就可以实现在国庆开花，并持续至11月底。进入冬季后恰当养护，到了2月又开始新一次的控花，4月花芽出现，到"五一"劳动节又绚丽满枝了。

图4-14　控水到叶片卷曲、低垂时可以少量补水

## 二、化学促花

化学促花作为一种辅助措施，需结合盆栽控水一起使用，以保证花期控制的有效性。用于促花的药剂主要有多效唑、矮壮素、乙烯利、赤霉素等，三角梅常用的是多效唑和矮壮素。在水肥充足的情况下，采用化学促花效果不显著，而且使用过高的浓度可能对植株造成药害，抑制植株的生长发育或造成植株畸形。不同品种、不同季节以及不同植株营养状况对化学促控的敏感度不同，在生产实践中应进行区域试验后再大面积使用。

**多效唑催花**：花前40～45d用15%多效唑可湿性粉剂50～200g/L连续喷施3次，第1次喷施3d后喷施第2次，间隔5d后喷第3次，连续喷3次。

**矮壮素催花**：在花前40～45d用矮壮素1 000倍液连续喷施3次，第1次喷施间隔5d喷施第2次，再间隔5～8d后喷第3次。

## 三、花期延迟

花期延迟是主要通过水肥管理、修剪等方法对花期进行人为控制的一种措施。具体做法是：在花期3个月前增施含氮复合肥，花期前2个月前供应充足的水分，并剪除花期45d前的花苞。

## 四、其他辅助措施

（1）采取控水催花处理的植株，应水肥充足，生长健壮。

（2）在控水处理前1～2个月应停止施用含氮复合肥，施用磷、钾肥+饼肥水。

（3）催花前50～60d要对植株进行一次轻短截，去除顶生营养枝，所有枝条剪截1/5 ～ 1/3，促使每个枝条分出多个花枝，增加植株开花量，结合修剪，进行移盆断根，以便于更好地控制水分。

（4）控水出花后要恢复磷、钾肥料的供应，适量浇水。

# 第五节　病虫害防治技术

## 一、主要病害及防治技术

病害主要分为侵染性病害和非侵染性病害（即生理病害）。侵染性病害是由病原物引起的、可传染的病害；生理病害是由于栽培条件不适宜、环境恶化、栽培措施不当等引起的，如水分更多、环境湿度过大、气温过高或过低、不通风等都可引起三角梅的生理病害。三角梅病害较少，大部分病害的产生是由于环境不适应造成的生理病害或由于环境不适而引起的次生病害，主要是通过改善栽培条件、改变栽培措施加以防治。下面介绍几种主要病害的防治。

1.**褐腐病**　发病症状：春季连续阴雨天易发生。花受害后成水渍状褐色病斑，并在病部丛生灰色霉层，幼叶自叶缘开始发病，变褐枯萎下垂。

**防治方法**：注意环境通风，并及时疏盆，盆间株行距不要过密。发病初期用25%甲霜灵可湿性粉剂500倍液或75%百菌清可湿性粉剂500倍液喷施，间隔5 ～ 7d，喷2 ～ 3次。

2.**叶斑病**　发病症状：夏季连续雨天，基质湿度大时易发生。初期病斑为黄褐色斑点，周围有绿色晕圈，病斑扩展后边缘为暗褐色，后期病斑上出现小黑点，幼叶卷曲，出现大量落叶（图4-15）。

图4-15　三角梅叶斑病

**防治方法**：采用防雨大棚种植时较少发生。连续阴雨天，应控制盆栽基质水分，保持不积水或避免连续浇水。发病初期用50%多菌灵可湿性粉剂，500倍液或80%代森锰锌可湿性粉剂600～800倍液喷施，间隔5～7d，喷2～3次。

3.**根腐病** 发病症状：初期地上部分出现叶片萎蔫、落叶等现象，地下根部腐烂，严重时整株死亡。

**防治方法**：选种健康种苗，使用无病源基质。发病初期，清除病根，更换新基质，并用30%甲霜·噁霉灵可溶性粉剂600倍液或70%防治敌磺钠可湿性粉剂600倍液浇灌，间隔10～15d，施用2～3次。

## 二、主要虫害及防治技术

设施栽培环境下，当温度较高、通风不良时就容易发生虫害。虫害分为吸食性虫害和嚼食性虫害。吸食性虫害主要有蚜虫、蓟马和介壳虫，主要危害嫩芽和嫩叶，造成嫩芽和叶片扭曲，严重时造成顶芽枯死。嚼食性害虫主要有尺蠖和斜纹夜蛾，主要在夜晚嚼食叶片、花朵和嫩芽。防治方法如下：

1.**蚜虫、蓟马** 危害症状：主要危害新生叶芽和花芽，造成叶片扭曲，抑制顶芽生长，严重时顶梢死亡，花芽干枯（图4-16）。

**防治方法**：大棚种植不通风，容易发生，要及时发现。发病时用10%吡虫啉可湿性粉剂2000倍或25%的抗蚜威可湿性粉剂3000倍液或20%啶虫脒可湿性粉剂3000倍液喷施，间隔5～7d，喷2～3次。喷药时要喷施全面，叶背叶苗都要喷到。

2.**尺蠖、斜纹夜蛾、介壳虫** 危害症状：啃食叶片和苞片，从而影响观赏价值（图4-17）。

图4-16 蚜虫危害　　　　　　　　　　图4-17 尺蠖危害

防治方法：在虫害发生初期，1～3龄幼虫期，喷施48%毒死蜱1 000～1 500倍液或2.5%溴氰菊酯乳油2 000～3 000倍液，间隔5～7d一次，连喷2～3次。喷药时间安排在傍晚最佳。

3.斜纹夜蛾　危害症状：啃食叶片和苞片，从而影响观赏价值（见图4-18）。

防治方法：同尺蠖防治方法。

图4-18　斜纹夜蛾危害

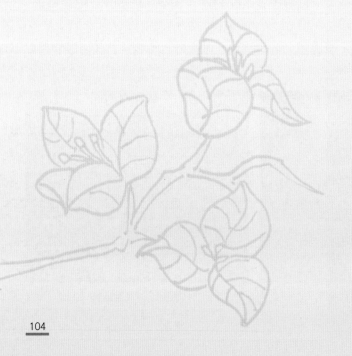

# 第五章

# 三角梅出圃

## 第一节　出圃前准备

　　三角梅出圃前2个月，应进行一次断根，防止出圃时伤根造成植株不易恢复，同时结合断根进行最后一次修剪，剪除过长枝条，其余枝条进行轻短截，保证植株冠幅丰满、整齐一致。出圃前一周注意天气及水分供应，保证出圃时基质含水量为40%~50%。过湿，基质容易散团；过干，运输过程中容易落花落叶。

## 第二节　出　　圃

　　盆栽大量出圃，需要先将盆栽运出大棚，摆放到装车区域，盆栽根据品种、数量进行核对，以提高装车时的工作效率（图5-1）。

图5-1　准备装车出圃的盆栽

# 第三节　装　　车

　　装车时要注意相同规格盆栽统一装车，花盆呈"品"字形叠放，这样才能紧密贴合，盆体要向前倾斜，在底层可以垫木棍，保证花盆摆放稳固（图5-2）。

图5-2　盆栽装车叠放

## 第四节 物流空运包装

物流和空运包装需要采用装箱包装。由于在运输过程中会多次转运和搬动，为避免泥土松动和植株倒置，需要用密封膜稳固盆体和基质。缠绕密封膜前要将盆内基质用报纸等填充物填满花盆。装箱时需要用木棍支撑，防止植株滑动和挤压受损（图5-3）。装好箱后，可在箱子周围用木条加固（图5-4）。

图5-3 装箱打包

图5-4 使用木框可防止盆栽在物流过程中被其他货物重压损坏

第六章

# 三角梅的主要价值

三角梅是赞比亚的国花，也是我国海口、北海、梧州、深圳、珠海、中山、江门、厦门、惠州等21个城市的市花，综合应用价值较高。

## 第一节 观赏价值

在热带、亚热带地区，三角梅生长旺盛、攀爬性强、耐修剪且花期长。不仅适合道路美化和公园造景（图6-1、图6-2），还可以用来装饰廊架或墙面，做成花墙；也可以制作成艺术盆景或动物、文字、图形等造型；还可以用于边坡覆土。无论是群植、孤植都能展现别样的美丽（图6-3、图6-4）。

图6-1 海口某天桥绿化

图6-2 公园美化

图6-3　各类造型的三角梅产品

图6-4　三角梅精品盆栽

　　由于三角梅具有独特的观赏价值，设计师们常利用三角梅元素开发餐具、饰品、手机壳、服装等系列工艺纪念品。

# 第二节　文化价值

　　三角梅以强健不屈的"性格"、旺盛的生命力、永不衰败的热情、热烈浓艳的色彩以及追求真爱的寓意，深受人们的喜爱，并被赋予丰富的人文与精神内涵。

## 一、三角梅花语

三角梅花语：热情，坚韧不拔，顽强奋进。也许正因为三角梅这样优秀的自身品质才被赞比亚等国家选定为国花，除此外，世界30多个地区也将三角梅选为本地的代表性花卉。另外，三角梅在查莫洛文（关岛土著语言）中是"Puti tai nobiu"，意思是"没有真爱是一种悲伤"，即中国人常说的"追求真爱"，因此"追求真爱"则成了三角梅的另一个花语。

## 二、三角梅邮票

邮票中的图画常体现一个国家或地区的历史、科技、经济、文化、风土人情、自然风貌等特色，这让邮票除了邮政价值以外，还具有极高的文化价值、艺术价值和收藏价值。1968年，新赫布里底群岛（今瓦努阿图共和国）发行了一组纪念布干维尔伯爵环航世界二百周年的纪念邮票，正是在这次航行中，三角梅被发现，这些邮票，为我们留下了珍贵的"三角梅发现之旅"的图像资料（图6-5、图6-6）。

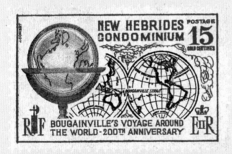

图6-5 邮票中为布干维尔伯爵环航路线

图6-6 邮票中为法国海军在考察中使用的两艘护卫舰，图片中间为一张标明位于瓦努阿图的布干维尔海峡位置的地图

在巴西、印度、马来西亚、格林纳达、韩国等国家，均有三角梅主题的邮票发行（图6-7～图6-17）。

图6-7 巴西发行的三角梅邮票

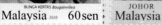

图6-8　印度发行的主角为三角梅
的邮票　　　　　　　　图6-9　马来西亚发行的有三角梅元素的邮票

图6-10　格林纳达发行的三角梅邮票　　图6-11　阿森松岛（英国海外领地）发行的三角梅邮票

图6-12　阿尔及利亚发行的　图6-13　韩国发行的三角梅　图6-14　几内亚比绍发行的
　　　　三角梅邮票　　　　　　　　邮票　　　　　　　　　　三角梅邮票

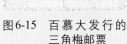

图6-15 百慕大发行的
三角梅邮票

图6-16 瓦利斯和富图纳群岛
发行的三角梅邮票

图6-17 圣文森特发行的三角梅邮票

### 三、三角梅歌曲

三角梅不仅受到园艺爱好者的追捧，同时也受到众多音乐家的喜爱。日本歌手游佐未森于2003发行了个人专辑《三角梅》(ブーゲンビリア)，封面为红色的三角梅花序并使用 *Bougainvillea* 作为专辑的英文名；日本萨克斯演奏家 Bronze Sambe 于2015年发行了专辑 *Bougainvillea*，专辑封面是一朵盛开的红色三角梅；多米尼加歌手 Andy Eloy 于2014年发行了专辑 *Bougainvillea Spirit*；南非女歌手 Luca Hart 发行有单曲 *Bougainvillea*、美国歌手 Joey Genetti 演唱了 *Bougainvillea Taxi* 等，都包含了三角梅的元素。

## 第三节 药用价值

三角梅茎皮含有D-松醇和盾木酮，其中D-松醇能起到类似胰岛素的作用，经实验证明能显著降低患糖尿病老鼠的血糖，盾木酮对癌细胞具有很强的灭活作用。除此外，三角梅叶片提取物有显著的消炎抗菌活性，有望用于急性和慢性炎症治疗；根部含有抗病毒活性物质；花瓣提取物能缓解鱼藤酮毒性。

## 第四节 其 他

近年来，随着对三角梅研究的深入，三角梅的生态学、药学、工业用、食用等多种价值被进一步挖掘。

## 一、生态修复

三角梅对非生物胁迫抗性强，根系能够富集土壤中的铅、铜、镉等重金属，转运系数较低，植株不受毒害，适用于污染土壤治理，可同时实现土壤修复、地下水净化和环境美化。

## 二、食用价值

三角梅苞片色彩丰富，色素含量高，次生代谢物含量低，具有较好的食用价值。在欧美各地，被用于茶饮、花酱和蛋糕制作。

## 三、天然食品保鲜剂

三角梅叶片含有叶醛、植醇、棕榈酸、对乙烯基愈创木酚、柠檬烯、丁子香酚、亚油酸、亚麻酸等多种抑菌成分，提取物对大肠杆菌有强抑制效果。另外，对金黄色葡萄球菌和枯草芽孢杆菌也有抑制作用，能大幅降低草莓等水果在贮藏期的腐烂率，维持水果食用品质。

## 四、环保型生物农药

三角梅叶片、根和茎的提取物含有抗病毒蛋白，能用于番茄枯萎病毒、三叶草黄化叶病毒、烟草花叶病毒、巨细胞病毒和花椰菜花叶病毒的生物防控。三角梅叶片粉末对大豆象具有强致死作用，可制成生防农药。

## 五、纺织染料

三角梅色素成分主要是甜菜红素和甜菜黄素，化学性质比较稳定，是传统的纺织染料。添加无色甜菜碱可减少棉织物染色过程中中性盐的使用量，优化织染工艺。

## 六、高分子材料合成

三角梅苞片提取物含有黄酮类化合物、甜菜素、生物碱、皂苷、三萜和单宁酸等多种代谢产物，可以用于纳米银颗粒的生物制备。三角梅凋谢的苞片可以制造多孔石墨烯，并可作为锂电池的阳极材料。

REFERENCES / 参考文献

柏斌，2019.三角梅已成为宜良花木产业最响亮名片.中国花卉园艺(2): 13-14.

陈涛，2008.叶子花.北京：中国农业出版社，2-10.

程治英，1987.几种叶子花的组织培养.植物杂志(4): 3.

花老，2020.国际三角梅产业现状与发展趋势.中国花卉园艺(3-4): 10-12.

旷野，2018.富裕一方百姓 成就一个产业.中国花卉园艺(13): 39-41.

刘悦明，阮琳，周厚高，余铭杰，2020.三角梅品种与分类，北京：中国林业出版社，32-233.

孙利娜，龙定建，王华新，等，2011.三角梅外植体消毒和愈伤组织诱导研究.安徽农业科学，
　　39(20): 12024-12025, 12055.

谭文澄，1983.叶子花的侧芽培养.植物生理通讯(1): 28.

王俊华，黄钢，董凤春，等，2015.甜菜碱在活性染料染色中的应用工艺探讨.印染助剂，
　　32(9): 31-34.

王文静，刘家女，2015.一种利用三角梅花卉植物修复重金属镉污染土壤的方法：中国，
　　CN201510323108.9. 8-26.

熊亚，李敏杰，2017.三角梅花乙醇提取液的抑菌性及其对草莓保鲜效果的研究.保鲜与加工
　　(3): 21-25.

叶顶英，2011.三角梅组培苗试管内外生根研究.北方园艺(15): 169-171.

叶顶英，张健，2004.三角梅组织培养外植体再生体系建立研究.四川农业大学学报，22(2):
　　142-145.

张波，刘小林，田振东，1999.叶子花组培试验研究.甘肃林业科技，24(4): 29-30.

张小红，常美花，张俊花，2000.叶子花组织培养育苗技术研究.张家口农专学报，16(2): 25-26.

唐昌林，等，1996.《中国植物志》第26卷.北京：科学出版社：006.

周群，黄克福，郭惠珠，2011.中国引栽三角梅属观赏品种的调查与分类鉴定.江西农业学报，
　　23(5): 57-60.

Alvarez A L, Barbosa N L, Patipo V M, et al, 2012. Anti-inflammatory and antinociceptive activities of the ethanolic extract of *Bougainvillea × buttiana*. Journal of Ethnopharmacology, 144(3): 712-719.

Baranwal V K, Arya M, Singh J, 2010. First report of two distinct badnaviruses associated with *Bougainvillea spectabilis* in India. Journal of General Plant Pathology, 76(3): 236-239.

Bolognesi A, Polito L, Olivieri F, et al, 1997. New ribosome-inactivating proteins with polynucleotide: adenosine glycosidase and antiviral activities from *Basella rubra* L. and *Bougainvillea spectabilis* Willd. Planta, 203(4): 422-429.

Bhat M, Kothiwale S K, Tirmale A R, et al, 2011. Antidiabetic properties of *Azardiracta indica* and *Bougainvillea spectabilis*: In vivo studies in murine diabetes model. Evidence-Based Complementary and Alternative Medicine. Evid Based Complement Alternat Med, 1741-427X(561625): 1-9.

Chaturvedi H C, Sharma A K, Prasad RN, 1978. Shoot apex culture of *Bougainvillea glabra* cultivar Magnifica. Hortscience, 13(1): 36.

Choudhary N L, Yadav O P, Lodha M L, 2008. Ribonuclease, deoxyribonuclease, and antiviral activity of Escherichia coli-expressed *Bougainvillea xbuttiana* antiviral protein 1. Biochemistry Biokhimiia, 73(3): 273-277.

Damit D N F P, Galappaththi K, Lim A, et al, 2017. Formulation of water to ethanol ratio as extraction solvents of *Ixora coccinea* and *Bougainvillea glabra* and their effect on dye aggregation in relation to DSSC performance. Ionics, 23(2): 485-495.

Do L T, Aree T, Siripong P, et al, 2016. Bougainvinones A H, peltogynoids from the stem bark of purple *Bougainvillea spectabilis* and their cytotoxic activity. Journal of natural products, 79(4): 939-945.

Duhoky MMS, Al-Mizory LSM, 2014. In vitro Micropropagation of selected *Bougainvillea* sp. Through callus induction. Iosr J Agric Veterinary Sci, 6(6): 1-6.

Elbeshehy E K F. Inhibitor activity of different medicinal plants extracts from *Thuja orientalis*, *Nigella sativa* L. 2017. *Azadirachta indica* and *Bougainvillea spectabilis* against Zucchini yellow mosaic virus (ZYMV) infecting Citrullus lanatus. Biotechnology & Biotechnological Equipment, 31(2): 270-279.

Heimerl A. Monographie der Nyctaginaceen, 1900. In Comm. bei Carl Gerold's Sohn.

Iredell J, 1995. Growing Bougainvilleas. London：Cassell.

Linneo C., 1789. Genera plantarum. Paris, Mdccxliii.Cum privilegio regis.

Ome A S, Youness E R, Ahmed N A, et al, 2017. *Bougainvillea spectabilis* flowers extract protects against the rotenone-induced toxicity. Asian Pacific Journal of Tropical Medicine, 10(5): 457-466.

Panmand R P, Patil P, Sethi Y, et al, 2017. Unique perforated graphene derived from *Bougainvillea* flowers for high-power supercapacitors: a green approach. Nanoscale, 9(14): 4801-4809.

Ridley G, 2011. The discovery of Jeanne Baret: A story of science, the high seas, and the first woman to circumnavigate the globe . New York: Broadway Books, 312.

Roy R, Singh S, Rastogi R, 2015. *Bougainvillea*: Identification, gardening and landscape use, in CSIR-National Botanical Research Institute. Lucknow: Army Printing Press.

Shahmohammadi N, Dizadji A, Habibi M K, et al, 2015. First report of Cucumber mosaic virus infecting *Bougainvillea spectabilis*, *Coleus blumei*, *Kalanchoe blossfeldiana* and *Zinnia elegans* in Iran[J]. Journal of Plant Pathology, 97(2): 394-394.

Vincent S, Kovendan K, Chandramohan B, et al, 2017. Swift fabrication of silver nanoparticles using *Bougainvillea glabra*: Potential against the Japanese encephalitis vector, *Culex tritae-niorhynchus* Giles (Diptera: Culicidae). Journal of Cluster Science, 28(1): 37-58.

Waweru W R, Wambugu F K, Mbabazi R, 2017. Bioactivity of *Jacaranda mimosifolia* and *Bougainvillea spectabilis* Leaves powder against *Acanthoscelides obtectus*. Journal of Entomology and Zoology Studies, 5(1): 110-112.

http://www.bougainvilleas.com.

http://www.theplantlist.org.